搜索力

帮你解决90%人生难题的思维能力

刘sir◎著

北方文艺出版社

图书在版编目（CIP）数据

搜索力：帮你解决 90% 人生难题的思维能力 / 刘 Sir 著 . -- 哈尔滨：北方文艺出版社，2019.8（2021.6 重印）
ISBN 978-7-5317-4618-8

Ⅰ.①搜… Ⅱ.①刘… Ⅲ.①思维能力 - 通俗读物 Ⅳ.① B842.5-49

中国版本图书馆 CIP 数据核字（2019）第 143111 号

搜索力：帮你解决 90% 人生难题的思维能力
Sousuoli Bangni Jiejue 90% Rensheng Nanti de Siwei Nengli

作　　者 / 刘 Sir	
责任编辑 / 宋玉成　赵　芳	装帧设计 / WONDERLAND Book design 仙境 QQ:344581934
出版发行 / 北方文艺出版社	邮　　编 / 150008
发行电话 /（0451）86825533	经　　销 / 新华书店
地　　址 / 哈尔滨市南岗区宣庆小区 1 号楼	网　　址 / www.bfwy.com
印　　刷 / 天津旭非印刷有限公司	开　　本 / 880×1230　1/32
字　　数 / 120 千	印　　张 / 7.5
版　　次 / 2019 年 8 月第 1 版	印　　次 / 2021 年 6 月第 6 次印刷
书　　号 / ISBN 978-7-5317-4618-8	定　　价 / 42.80 元

序 言
决定你上限的不是格局,是搜索力

要想让一个人活成一支队伍,就要懂得高效地连接需求和资源。

有一位朋友,最近读了很多成功学的书,但是他越读越困惑,觉得自己不仅没有进步,还越来越绝望了。他陷入了成功和资源的悖论之中:想要成功,就要有格局、眼界和资源;但一个不成功的人,很难拥有格局和眼界,也很难获得资源。想实现人生的从零到一,真的太难了。

他通过我们个人发展学会的职业辅导师联系我,说,很多人的格局大,眼界高,那是因为他们本来得到的资源就比人家多。还给我举了个例子,比如你是个当老板的,全公司的数据都在你那里汇总,你站得高,当然比我们这些员工看得远了。

再比如假设我出身于金融世家,平时来往的都是银行家、精算师,我对数据当然就会有更准确的感觉。我现在不成功,不就是因为我没有这样的格局和资源吗?

我想对他说,事情不是你想的那样。大学的时候,我曾经参加过一次讲座,这个讲座的老师有一句话,让我印象特别深刻,以至于到现在我都记忆犹新,因为我越来越能体会到这句话的价值。

这句话是这么说的:"聪明的人不是知识渊博的人,而是知道用简单、快捷、有效的方法找到答案的人。"后来,随着阅历的逐渐丰富,我渐渐发现,平时那些善于利用搜索力的人,总是能够迅速提高自己的眼界,发现别人的需求,对接不同的资源,从而顺利解决我们工作中、生活中、人生中遇到的大部分问题。

就拿我们出版这一行来说,的确有很多人会觉得,想要做个好的产品策划,一定要有作者资源,否则就没办法开展工作。

不过,我倒觉得,"资源"没有大家想得那么重要。我刚入出版这一行的时候,什么资源都没有。一开始就做灵异小说,后来做军文,再后来又做经管书。每进入一个新领域,我的所有资源都要清零一次。但当我沉下心来专心磨产品、耐心做品牌,把财经励志相关的整个产品线不断做出影响力之后,谈成了与包括李开复、时寒冰、陈志武等老师在内的诸多名人名家的合作,资源不仅主动找上来,也越滚越多。

说到底,再厉害的大人物,也会有他想要的东西;再多的商业模式,也会留下满足不了的欲望空间。当你用更高一层的认知能力,发现了自己的需求、身边朋友的需求、老板的需求、市场的需求的时候,你就可以突破所谓的上限,到达以前未曾企及的高度。

听到这里,有些朋友或许会说,发现需求有什么用呢?我没有能力去满足这些需求啊。

对此我想说,你没必要亲自去满足这些需求。比如前两年流行一个说法,叫"羊毛出在狗身上猪来埋单",意思就是,商家没必要亲自生产商品,而是发现需求之后,把生产环节外包出去;而最后为这些产品付款的,也不是定制这些商品的商家,而是有相应需求的客户。

这个思维模式的运用还有一个经典的案例,说的是四川航空低价从汽车公司购买了一批机场大巴,车上喷绘着汽车公司的商标,相当于给他们做推广;再用高价把这批大巴卖给司机，同时保证他们有稳定的客源。这样，四川航空就凭着巨大的客流量，不仅省去了购买机场大巴的经费，还从中赚了一笔。四川航空能做到这一点，凭的就是既看到了汽车公司的推广需求，又看到了司机们对稳定收入的需求。

仔细想一下就会发现，"羊毛出在狗身上猪来埋单"这种商业上的思维模式，只是说法新颖，它的本质就是把需求和资源对接起来，背后的商业逻辑和我们平时在工作中经常用到的那些借助别人的力量来解决问题的思路，并没有什么不同。

比如我们做知识付费，去年一位销售卖掉了价值几百万元的课程。其中有一半的业绩，他是靠外部渠道来完成的。也就是说，他找到了一些合作方，这些合作方需要课程内容；而他手上正好有这样的内容资源，想把这些内容卖掉。于是双方一拍即合，这位销售省去了和一个个单独的客户签单的时间，还增加了公司的收益。这里面没有什么非凡的商业模式，但对完成自己的工作目标却很有效。

有些人可能会觉得，去找合作方这样的事情太难了。还有的人会觉得，自己性格内向，甚至还有点社交恐惧症，拿起电话来就觉得呼吸困难，这样的性格，怎么去和别人沟通，怎么去对接资源和需求呢？

其实，只要你对需求的观察是准确的，无论你是什么性格，无论你之前是否认识对方，事情都能谈成，因为你真的能帮合作方解决问题。

反过来说，如果你是个八面玲珑的人，合作方出于人情或者被你的套路忽悠，答应了你的请求，事情说不定反而容易搞砸，因为双方碍于情面或者一方被套路了，有些规范化的流程就可能被忽视，也容易出现纰漏。要知道，不是基于共赢的短期得利，最后通常得不到好结果。

用已经拥有的资源去解决问题，效率是极其低下的。以前，我带过一个编辑。这个人在入行之前，就和几个作者朋友关系很好。所以一开始她展开工作的时候非常顺利。但随着时间的流逝，你会发现和她打交道的，来来去去就那么几个作者。后来要约的稿子越来越多，她的那点作者资源很快就不够用了。到最后，就连刚入行半年的新编辑，手里能用的作者也比她多。

所以千万不要迷信"资源"这码事。根据牛津大学人类学家罗宾·邓巴在《梳毛、八卦及语言的进化》一书中提出的说法，一个人能够同时保持联系的人数最多也不过一百五十人。如果你产生了这一百五十个朋友解决不了的问题,那又要怎么办呢?

因此,不管你原有的资源数量是多是少,质量是高是低,都不要让自己的眼界和格局,受到所谓资源的限制。

在互联网时代,从沟通的角度来讲,我们要连接的人越来越多,要连接的资源也越来越多,一个人要跟不同的人协作,包括同部门协作、跨部门协作,还需要跨组织跨公司合作和协同。在这种情况下,精准地找到相对合适的合作方,一起去定义问题,高效地解决问题,就成了一个人不可或缺的能力。

我们在这本书中谈论的搜索力,就是这样一种连接各方面资源的能力——一种在联合多方力量、考虑多种维度的情况下,提出问题、解决问题的思维能力,也是一种帮助我们在关键时刻做出有效决策的能力。希望你读完这本书,能得到一些启发,能通过持续精准的努力,来撬动人生的最大可能。

最后,想在此感谢为这本书前后付出的所有朋友。我之所以能产生创作这本书的想法,是为了响应"个人发展学会"广大粉丝的需要,也基于我们"职业精英研修班"和"管理精英研修班"广大已毕业学员的反馈建议。在他们看来,我做"搜索力"这个项目一定能帮助到很多的人。于是，我在我们职业辅导师们的帮助下写作了这本书。最后，也感谢我的编辑小党老师的辛勤配合，我的合伙人石姐的鞭策。

目 录
Contents

01
拥有搜索力,资源是个伪命题

第 一 节
关系并不稀缺:求一个人,不如找一类人 _ 003

第 二 节
组织头脑风暴:让创意从不期而遇,到如约而至 _ 012

第 三 节
深思就是跨界:最罕见的问题,也能找到最普通的答案 _ 021

02

明确目标：发现内驱力，明白自己内心真实的渴望

第一节
向内探索：比努力更难的，是看清自己的真正欲望 _ 033

第二节
向外探索：你成长的空间，永远在舒适区之外 _ 039

第三节
知识挖掘：应付考试的时候，你放弃了什么？_ 050

03
问题驱动：打造高效解决问题的搜索逻辑和思维

第一节
借来的脑子：提问的第一步，就是放下面子 _ 059

第二节
经验的边界：给经验找到新的适用领域 _ 067

第三节
思考也要对症下药：找到真问题，排除伪问题 _ 074

第四节
越级思考的能力：用搜索填平信息鸿沟 _ 080

◇ **搜索力**：帮你解决 90% 人生难题的思维能力

04

把握关键：
发现从"问题"到"行动"的有效路径

第 一 节
认知势能：用高维度的搜索，导航低维度的行动 _ 089

第 二 节
目标感：在人生的每个阶段找到方向 _ 098

第 三 节
脑力云共享：借力打力，才能毫不费力 _ 105

第 四 节
有效知识：找到应用领域，学习才能闭环 _ 113

第 五 节
无解之解：
有些问题永远找不到答案，但仍值得去思考 _ 119

目录

05
结果导向：
克服选择障碍，面对纷繁复杂的选项时如何选择

第 一 节
破局思维：找到打游戏的感觉 _ 129

第 二 节
找到目标：让你脚踏实地的，是对未来的合理想象 _ 135

第 三 节
通盘考虑：样本够多，结果够准 _ 141

第 四 节
结果分析：只设一个自变量，轻松找到最优解 _ 148

第 五 节
删繁就简：简单，应对复杂世界的利器 _ 154

第 六 节
思考也有性价比：答案太多，就等于没有答案 _ 159

◇ 搜索力：帮你解决 90% 人生难题的思维能力

06
**系统思考：
建立高框架人生，在限制中发现更多可能性**

第 一 节
多维度价值：找个副业，逃离死工资 _ 171

第 二 节
找到你的价值：究竟是什么在决定你的价格？_ 177

第 三 节
找到价值的放大器：人人都是自媒体 _ 183

第 四 节
人生的价值：每个终极问题，都可以找到具体答案 _ 189

07
用搜索力搞定生活中那些令人头痛的事儿

第 一 节
人真的能找到自己喜欢的专业吗？_ 197

第 二 节
求职时，找到适合自己的行业 _ 203

第 三 节
职场中，找到你的偶像 _ 209

第 四 节
生活中，买好人生第一套房 _ 214

01

拥有搜索力,资源是个伪命题

搜索,不仅是在网上寻找信息,还可以是寻找任何资源。有些人把目光放在自己已经拥有的资源之上,而更聪明的人会懂得连接比拥有更重要。在生活中和职场上,人们能拥有的一种最重要的能力,就是通过搜索,把需求和资源连接在一起,用持续精确的努力,撬动最大的可能。

第一节
关系并不稀缺：求一个人，不如找一类人

大家都想找到的人物，就是那些会被看作"资源"的人。这种人能够满足其他人在某方面的需求，说白了就是能在某件事上帮到大家。

这种人周围一定聚集着很多想要找他帮忙的人，而他的时间有限，所以发展这样的人际关系，一定比较难。如果我们把所有希望只寄托在一个人身上，那只会给自己带来心理上的压力，很可能导致事情真的办不成。

其实，什么人会被看作人际关系资源，和我们怎么定义自己的核心目标有关。我有一位朋友，他临时被叫到杭州开一个会，需要在次日上午八点抵达杭州。但当时他在江苏的一个小城市，他的秘书联系了所有熟人，也订不到那个时间的火车票。

后来,这位朋友对秘书说:你找熟人是为了什么?是为了买火车票对吧?你买火车票又是为了什么?秘书听了这段话,恍然大悟,赶紧给领导约了一辆出租车,开着出租车硬是连夜赶到了杭州。这个朋友要解决的核心问题是在次日八点到达杭州,而不是找到火车站的熟人。

当他们重新回到核心问题,直击本质的时候,就把能给自己提供帮助的人的范围大大扩展了。这个例子很简单,但对于其他事情来说,道理也是一样的。

所以在一般情况下,我们想要办成一件事,往往是要找到一类人,而不是某个人。比如我们要约一本经管类的稿件,可能需要找到一位有分量的企业家或者经济学家;再比如我们要做一套青少年图书的营销推广,想办一场线下活动,就要找到附近所有这个年龄的孩子。如果我的朋友想考某个学校的研究生,那么他就可以选择去找这个学校相关专业的导师,看看有没有人愿意收他。这样,我们办成这件事的难度就会低很多。

想要找到我们需要的那类人,有时候靠单一的网络搜索引擎不一定办得到,效率也未必高。这种情况下我们可以找到一个关键人物,把他当作搜索引擎,从他那里获取有用的信息，再去连接其他人。

那么，什么样的人可以当我们的搜索引擎呢？就是那些认识一大串我们要找的那类人的人。比如我想认识一个医院里的大夫，我可能会先找导医台的人、开电梯的人去了解情况。我想认识一个街区里所有爱美的女性，我就先去找这个街区里的健身教练、美容院。我想认识一个导师，我可能就会先去找他的研究生了解情况。

这些能够充当你的搜索引擎的关键人物，往往比你的目标人物更容易接近，因为他们的时间相对来说更加充裕，也更容易被拉近关系，接受与你的闲谈。从他们那里，你可以了解到很多有用的信息。比如哪个大夫更擅长问诊，哪个大夫更擅长手术？同样是导师，哪个导师更加愿意迅速做出学术成果，而哪个导师更佛系一些？

事先了解到这些情况，你和目标人物建立联系的时候，就会更加顺利。

比如在出国留学季的时候，很多同学想要提前了解国外的导师，想知道什么样的学生，才能入得了导师的法眼。那么，大家其实就可以在国外硕博论文数据库里，查一下这位老师指导过的毕业论文，根据毕业论文，来评估一下自己应该达到什么样的水平。也可以请教自己的师兄、师姐，根据往年的经验，看看他们对这位导师以及这座学校，有什么样的看法。这些事前的工作一定会对达成你的目标有帮助。

对人际关系进行挖掘，往往可以从身边的人开始做起。美国社会学家格兰诺维特提出了一种理论，把人际关系网络分为强关系网络和弱关系网络两种。你和身边的同事、朋友、亲戚的关系，是一种强关系；而你和只见过一面的朋友、网友的关系，则是弱关系。强关系意味着你们有共同的生活朋友圈，要面对和处理的问题也是类似的。

比如说你想知道附近的打印店在哪里，谁家的早餐最好吃，在哪里可以得到最便捷的停车服务，等等。对于刚入职的新人也是这样，如果能经常和公司的老员工一起吃饭，就能从闲谈中得到不少工作中需要的信息，等真的遇到问题的时候，就能比较容易地迎刃而解。

所以说，经营强关系也好，经营弱关系也好，都不是让你去做一个功利的人，也不是让你去讨好那些大人物。有时候，能帮你的人可能恰恰是在不经意间认识的。

此外，知道别人遇到的问题，自己可能有一天也会遇到，有利于我们保持好的心态，待人接物的时候更有包容心，也会更愿意倾听别人的问题和烦恼。

与此同时,我们也要特别留意和珍惜身边的几类人,无论是在强关系中,还是在弱关系中,他们都应该凭借自己的个人能力或者性格魅力,成为我们关注的重点。

首先,是"内行"型人物。内行,顾名思义就是熟知内情的人。推而广之,他知道的内情可以是行业内幕,可以是专业知识,也可以是人们关注的焦点。他们总是能最先接触到内部信息。当内行发现了连接价值的可能,就会向其他人揭露这一价值。

以前,找到内行给自己指导,是比较不容易的,但现在,有了"在行"这样的网站,你只要花点钱,就可以把行业专家约到咖啡馆里,和他面谈。你所付出的代价,有可能远低于这些行家付出的时间成本,但你却可以用这种方式,获取行家十几年乃至数十年的行业经验。

其次,是联络员型的人物。这种人自己不一定有多强的专业知识,但是他们善于和人打交道,喜欢交流和沟通。他们交游广阔,能够把掌握的消息和资源第一时间传遍周围的整个世界。联络员型的人物起到的作用,是把两个素不相识,但有潜在交往空间的人联系在一起。

举个例子,我能跟陈志武老师合作,就是因为我认识了一位叫岑科的媒体人。如果没有他,我就不可能跟陈志武老师合作,也不可能跟央视《大国崛起》这部经典纪录片的导演李成才合作,签到后来获得了当年年度财经图书奖的项目——《华尔街》。这样的关键人物,也许是你在某个领域里非常熟悉的朋友,也许是你在拓展资源的过程中认识的一个伙伴,他本人未必是大名人,但是他了解了你的需求之后,就会给你很多帮助。

最后是"推销员"型的人物。他们不一定有很强的人际关系圈,但是由于他们自身在情感上的天赋,往往有很强的感染力,能够让每个人都接受他说的一切,打消人们的顾虑。

虽然关键人物对我们构建人际关系来说很重要,但也不要忽略你的其他朋友。你不知道什么时候会用到什么信息,也许一条信息的价值,要到很长时间之后才能显现出来。

有一次,我要向某位财经作家约稿。我看着他的名字,突然想到似乎七八年前我和一个朋友聊天的时候,那位朋友曾经提到过他。于是我开始搜索我的微信聊天记录,发现果真如此。于是我的那位朋友就介绍我们认识了。

搭建人际关系网,要有一种开放的心态。我现在的公司里,可能有的人获得了一定的工作经验之后，他就离开了。有些人会不喜欢自己的下属或员工离自己而去，尤其是自己花了很多心血培养的、那种自认为跟自己很铁的下属，这是人之常情，但我觉得做领导者最重要的就是格局比普通人更开阔，没必要那么狭隘。也许他离开你的公司之后，也会成为你在外部很重要的一个搜索引擎。

这些以人为节点的搜索引擎，不仅能帮你找到人，还能帮你避开人际交往中的一些坑。我有一位细心的朋友，他说现在参加同学聚会之前，他都会认真地做功课，了解多年不见的老友有什么人生经历。如果别人遭遇了人生的坎坷，那么他就会注意在言谈中避开相关话题。比如有的同学在家庭方面走得不是那么顺，就要避免谈及另一半。以前可能大家都待在老家，相互都了解彼此的情况，但现在可能很多人一年才回去一次，当然就有很多情况是不了解的。对老朋友温柔一些，不要触及别人的痛处，朋友认为这是现代社交中的一种基本礼仪。

除此之外，想要与你认为重要的人建立新的社交关系前，也需要特别注意运用搜索力。比如在见一个重要人物之前，你需要先做功课。你需要通过种种渠道去了解，他是个什么样的人，他喜欢什么，哪些话题是你可以和他聊的，他身边的什么人可以影响他的决策……你把这些信息都调查清楚之后，接下来的工作就会更顺利。

总之，在人际关系中使用搜索力，就是把人当作搜索引擎，把已经建立和积累的关系当作数据库，以问题为导向进行资源的开发和整合。在这个过程中，一些具有特殊能力或者魅力的关键人物，会助你一臂之力，让你的人际交往无往而不利。

人际关系拓展的"六三一"原则

By 郭樑 @ 个人发展学会

把 60% 的社交时间,花在 10% 有价值的人身上;

把 30% 的时间,花在与你相熟的 30% 的人身上;

剩下 10% 的时间,用来维系 60% 的人。

第二节
组织头脑风暴：让创意从不期而遇，到如约而至

在内容行业工作，我们有时候需要的不是一份确切的资料，也不是突破某个难点的具体方案，而是一个让人耳目一新的创意，一个能让产品在市场上脱颖而出的点子。

能适用于商业生产的创意，往往会照顾到受众的需要，因此不会是完全生造的，而是要用让受众感到陌生的方式，把他们熟悉的东西表达出来。比如江小白的这句文案："成长就是将哭声调成静音，约酒就是将情绪调成震动。"很多人都经历过成长，也知道成长是怎么回事。可能长大以后，人会渐渐变得沉默，不再向其他人表达自己的负面情绪了，只有在喝酒的时候，才会相互进行一定的情感沟通。江小白把这种每个人都熟悉的感情，用一种让大家感到陌生的比喻说出来，

01 拥有搜索力，资源是个伪命题

就是一种创意。

人们总是对自己的想法更熟悉，找到一种陌生化的表达就比较难。而很多人在一起讨论的时候，不同的立场、感受和观点相互碰撞，就比较容易对熟悉的东西产生陌生的感觉，进而发现创意。所以，为了发现一个新点子，我们可以把同事们召集起来，把别人的头脑当作搜索引擎，找到这个创意。

这样做的时候，也会遇到一些执行上的困难。比如以前我们开会的时候，大家会把相关产品的内容创意、目录和部分文章，拿到会议上来讨论。一个人的选题摆在大家面前了，其他人会纷纷发言：

"我觉得这个选题不错。"

"如果标题能再有吸引力一点儿就更好了。"

"可能结构还可以再调整一下。"

这样的选题会开了半天，好像也没有人说出个所以然，每个人都是凭借自己的感觉在做判断。最后的结果，往往是谁也没有说服谁。还有的时候，的确有些同事提供了一些新点子，但由于缺乏筛选鉴别的机制，有些很好的创意，也白白地流失了。

后来我发现，为了让我们的头脑风暴更有效率，更快地找到我们需要的创意，应该明确告诉大家，参加头脑风暴需要准备些什么。我认为，头脑风暴应该有一个明确的主题，提前让大家知道我们要讨论什么，讨论的范围有多大。

还是拿选题会来说吧。如果我们要讨论一个产品的命名，那么就把讨论范围限定在对产品名称的讨论之内，不要向其他地方过多地发散。每个人都积极地贡献自己对这个名称的想法，在思考和讨论中达到一种集体心流的状态，向一个共同的目标努力。

而我们对头脑风暴能得到些什么，也应该有一个明确的界定，这样与会者就会知道自己努力的方向，明白自己应该怎样改进。一场好的头脑风暴，通常能给与会者提供三样东西：

1、确认。当你有了一个想法，但是自己深思熟虑之后，还是不能确定这个想法到底好不好，就可以把它拿到头脑风暴会议上面来。参加会议的每个人可能人生经历、性格特点都不尽相同，他们可以代表不同的用户，从不同角度去确认你的想法是否到位。

2、建议。来参加选题会的其他人，想法有可能不同，他们会从他们的立场给你一些建议。如果你心态不够开放，一听到跟自己不同的观点就接受不了，动不动就要为自己辩解，

01 拥有搜索力，资源是个伪命题 ◇

或者是评价别人，那什么成果也出不来，因为没有几个人愿意费力不讨好。如果尊重每个人的意见，让大家在一个相对舒适的空间自由发挥、畅所欲言，那产生好的参考建议的概率就会大得多。

3、灵感。灵感也就是随机创意，这些随机创意可能是大家临时想出来的，是突然间蹦出来的一句话，也不见得表达得非常完美，但创意本身却非常可取，比如对受众内心需求的把握特别到位。我们只要捕捉到这样一个瞬间，再把对方表达的意思加以优化，就可能会产生下一个好产品。

提供灵感的头脑风暴会议，还有一种可能，就是别人只是发表了一个很普通的意见，但是这种普通的观点却启发了你，让你产生了新的看法。

《纽约时报》的专栏作家帕甘·肯尼迪在《想象思维》这本书中阐述了一个观点，那就是：很多创意都是在大家习以为常、司空见惯的事物中产生的。作者以《宋飞正传》这部美剧的产生过程为例，说明了我们生活中那些看似毫无意义的场景对话，也能成为让很多人喜欢的喜剧。别人普普通通的一句话，可能就会把你的注意力焦点，转移到那些平时由于过度熟悉而不加注意的事情上来。

此外,头脑风暴虽然是一场搜刮创意的讨论,但创意也不是凭空产生的。至少你得知道什么东西是旧的,才能看得出什么东西是新的。有时候灵感就是从旧的东西里面产生的,把不同的旧的要素拼贴在一起,加以重新组合就能产生好的创意。

比如1904年美国圣路易斯世界博览会上,有两个给过往游客提供服务的小贩。一个叫哈姆维,是个卖炸薄饼的,还有一个叫福纳雄,是个卖冰激凌的。当时已经是4月底,太阳火辣辣的,大部分游客都在场馆之间跋涉,天气显得格外炎热。福纳雄的冰激凌卖得特别好,很快就被抢购一空了,甚至连装冰激凌的碟子都用完了。而哈姆维的炸薄饼却滞销了。哈姆维灵机一动,想到一个办法:他把自己的炸薄饼卷成一个圆锥形,交给了福纳雄。福纳雄会意地把冰激凌盛放在这个圆锥形的容器内,一个个卖给摊位前的顾客。

冰激凌和炸薄饼两种东西都是旧的、已经存在于世界上的,两者的组合为它们带来了新的生命力。同样,把大炮和轮子组合在一起就有了坦克,而可乐和汉堡的创造性组合则成就了麦当劳,把冰激凌球放在吐司上,是港式茶餐厅里一道常见的菜品。

01 拥有搜索力，资源是个伪命题 ◇

所以说，在触发灵感方面，头脑风暴可以随机产生直接能使用的灵感，也可以是启发与会者产生灵感的一个契机，还可以是把旧的想法拼贴成新创意的机会。

会后，如果我们已经找到了一个创意，还需要判断它是否符合我们的需要，以便留住真正有价值的东西。我认为判断一个创意是否有效，有以下四个标准：

这个创意能否给公司带来利润，这一点是最基本的。想象力是人类的本能，要知道人与人都是差不多的，当你想出一个创意的时候，地球上很可能有一万个人有了同样的想法，所以别太相信自己是最聪明的人。另外，相信没有一个做领导或者做老板的会接受一个让他赔钱的想法，你的想法有没有意义、能不能让他接受，就看你是不是能证明这个想法能给他带来利润。所以，在工作上提交一个创意之前，你有必要在大脑里多做几次把创意变成利润的逻辑推演。

这个创意是否简洁有力，直击人心。每个创意被受众阅读的时间都是有限的，如果你的创意不能在第一时间被受众领会，那很可能它就是无效的。就拿图书来说，健康类图书产品的市场最早火起来，靠的是《求医不如求己》，之后又出现了《不生病的智慧》。这些火爆之后，又有了《从头到脚说健康》《把吃出来的病吃回去》等持续畅销的图书。细细品味下这些书名，你会发现这几本书有一个共同的特点，就是让人感觉书上的内容好像拿起来就能用，健康原来这么简单！

可控性。有一座加拿大的公厕，在一扇门外面画了三片枫叶，在另一扇门外面画了一片枫叶。这种设计固然新颖，但也饱受争议，因为三片枫叶和一片枫叶，到底哪个代表了男性，哪个代表了女性，并不是那么直观。这个创意过于发散，因此传达到受众那里的时候，就失去了可控性。

可操作性。我们有足够的经费去执行这个创意吗？设计这个创意需要多久的时间？这些都是掌控创意的人需要去考虑的。比如如果我们想用24K的金箔去打造一本书，这固然很有创意，但是也要考虑到，这样做的技术难度和经济成本都会非常大。

想要找到一个新点子的人，不妨自己试试看，去组织一场头脑风暴。在平级关系中，组织头脑风暴需要别人的配合，那么首先就要培养自己的亲和力和参与人员的筛选力；为了不让头脑风暴跑偏，头脑风暴的组织者还需要有很强的目标意识；想要让整个头脑风暴有序进行，还要培养自己的项目计划编制的能力；同时，头脑风暴的组织者还要扮演协调者的角色，要管理好在场每个与会者的情绪波幅；当有用的信息产生的时候，要把它迅速地捉住；这种信息的产生往往是转瞬即逝的，所以需要组织者必须要有能力抓住对方想表达的重点。

组织头脑风暴对提升一个人的综合能力，的确能起到很大作用。所以想要在工作生活中让自己成为一个富有创意、好想法层出不穷的人，你可以多跟同事、朋友们一起，做这样的头脑风暴的组织练习。

最后总结一下，想要找到一个好想法，可以线下组织一场头脑风暴，让每位与会者向内搜索，找到确认、建议或者灵感。等到灵感产生之后，则可以从利润、简洁、可控、可操作四个维度对其进行检验，筛选出最佳的创意。

头脑风暴的步骤

1.定义问题

尽量不要问"为什么",而是尽量问"如何"。

2.发散思维,并做记录

鼓励每个人围绕议题说出自己的想法,在此过程中不做评价。

3.把所有创意列在一张清单中进行筛选

当最好的点子来临的时候,你甚至不需要筛选,所有人都会立刻明白,就是它!

4.最好的思路已经出现

此时可以把所有人的表述加以重排、组合,找到最佳的表达。

第三节
深思就是跨界：最罕见的问题，也能找到最普通的答案

在我们的生活中，大家常常遇到这样的问题：在寻找解决问题的答案时，要么是找到的结果太大众化了，和你遇到的特殊情况完全无法匹配；要么是找到的结果是另一个人的经验，他的经历太特殊了，没法解答你面临的问题。那么，这两种情况下要怎么办呢？

我想举一个例子来说明这个问题。我的几位作者朋友，他们都很忙，各有各的事要去处理，每天回到家都已经是半夜了，往往疲惫不堪，实在没有力气再打开电脑写上几个字。但他们心里还是藏着一个写作梦想，不想放弃。看到他们被拖延症所困，我给他们讲了一个我在喜马拉雅开设的《超级思维》这档节目里和粉丝们分享过的小故事：

华尔街的金融公司，都为同一个问题感到苦恼。这些公司的很多员工，在离开工位上厕所的时候，往往会忘记锁屏。这要是在普通公司，其实忘记锁屏也不算什么大事，然而对金融公司来说，一个错误操作就有可能让几亿的资产灰飞烟灭。要是让同事们相互检举揭发吧，实在是破坏团结。那么怎么样才能让每个人记得在离开座位的时候锁屏呢？有个公司的CEO（首席执行官）想了个办法。他给全公司发了一条通知，告诉所有人，一旦你发现自己的邻座没有锁屏，就可以用他的电脑，以他的名义向全公司发送邮件。邮件内容是：你好，我是某某，我今天忘记锁屏了。按照约定，今天请大家去最好的餐厅吃饭！自从制定了这条规定之后，忘记锁屏的人数大大减少了，同事之间的关系也因为开玩笑变得更加融洽。

我们能从这个具体的故事中抽象出什么道理呢？就是我们本来不想干、不愿干的事情，一旦成了一种多人游戏，获得了某种趣味性，大家马上就有了想做的动力。

这些作者朋友听完这个故事，自发组成了一个小组，制定了严格的组规，规定必须每周交出三千字，否则就要在群里受罚唱歌，还要发红包给大家点外卖。这样做了之后，作

01 拥有搜索力，资源是个伪命题 ◇

者之间相互提醒，交稿的积极性高了很多，催稿再也不是一件尴尬事了。

员工忘记锁屏的问题，和向作者催稿的问题，看似是两个完全不同的具体问题，但当我们看到这两个具体问题的底层逻辑的时候，就会感觉到它们的一致性。两者都是用某种游戏化的方式，调动参与者们的积极性，利用他们之间的互动，去实现原本无法实现的目标。

实际上，在面对一个特别具体的问题时，为了借用我们解决其他问题的经验，我们实际上在头脑里进行了一个抽象的过程，去把握住问题的痛点。

俗话说"隔行如隔山"，我们通常会觉得，行业之间的信息壁垒是牢不可破的，事实却并非如此。对于一个行业来说，道理是一样的。掌握了这种通过抽象来寻找事物底层逻辑的思维方式，跨界思考将不是难事。

比如说我在做图书行业的时候，养成了一个习惯，就是每天都会看大盘数据。具体说来，就是当当、京东和亚马逊的排行榜。

看这些排行榜的时候，我不仅仅是看现在流行什么，我还会去总结排行榜背后反映出来的时代潜流。比如2012年出了一本韩国作者金兰都写的书,叫《因为痛,所以叫青春》,当时大火。接着市场上又出了一本麦当娜的传记,也是关于青春的,同样卖得很好。后来,我的师兄刘同的《谁的青春不迷茫》在所有人没有预料到的情况下爆火。这本书连同他进一步创作的《你的孤独,虽败犹荣》《向着光亮那方》合称"青春三部曲"。

也就是说明青春这个主题,是个长久不衰的心理需求点。"青春"这个心理需求点是很具体的,但是找到这个点的逻辑却是比较深层的,是抽象出来的。

那么同样,现在我做知识付费,就会看喜马拉雅的排行榜,道理也还是一样的。因为我不从产品的形式去定位自己正在做的事情。发现价值并放大价值,是图书和知识付费这两个行业的共同底层逻辑。不管是图书市场的排行榜,还是知识付费领域的排行榜,我每天都看,时间长了就能很容易发现那些比较特别的产品,能看到需求背后的基本,从相同中找到不同的东西。

对图书行业的数据进行抽象思考,和对知识付费行业的数据进行抽象思考,其底层逻辑是一致的,只要我们的思考足够深入,深入到了数据与需求的底层规律和逻辑,就不会

01　拥有搜索力，资源是个伪命题

因为某个领域的经验太过具体，而无法被另一个行业利用了。

在纷繁复杂的现象中看到本质规律的能力，是一种归纳能力，更是一种知识的迁移能力，意味着你能把具象的东西加以抽象。不过，要想通过观察抽象出事物背后有价值的规律，我们还需要有另外一种能力，也就是把抽象的信息还原为具象的感知能力。这种能力是归纳的逆过程，可以说是一种演绎的能力，也有人把它叫作"还原"。

"得到"的创始人罗振宇在2018年跨年演讲中引用财经作家刘润的话说："不抽象，我们就无法深入思考；不还原，我们就看不到本来面目。"如果我们学习了一条抽象的道理之后，能够把它还原成具体的应用方法，就不会觉得自己搜索到的经验过于抽象、没法用在具体的场景中了。

想要把抽象的经验变得具体，首先可以试着去拆解一个宏大的目标。还是拿我们文化行业来说吧，比如你要做一个好的内容产品，你要看看它是由哪几个最关键的因素决定的。从书名、包装、策划、用户定位这样整体的因素，到目录、框架和每一篇文章。如果你能把这件事拆分到最小的单元，再和每个竞品去比较，你就不会觉得这个事情很难。

其次，还可以试试发动自己的想象力。比如这些年来广

◇ 搜索力：帮你解决90%人生难题的思维能力

受推崇的"九段秘书工作法"，实际上也是把一条抽象信息不断具象化的过程。我们还是拿经典的"开会"这个例子来说吧。老板说要开个会，一段秘书可能只会发通知，二段秘书会打电话给每个参与的人确认，三段秘书会提前检查是不是每个人都能就位，四段秘书会在会前检查所有设备，五段秘书会给参与会议的所有人提前发材料，以便真正落实会议精神，六段秘书会做好会议成果的备份，七段秘书会确保会议上的决议得到了执行，八段秘书会定期跟踪会议决议的执行情况，九段秘书会把上述的所有任务，做成标准和流程。

　　这在本质上考验的是你把抽象还原为具体的能力。如果老板说要开会，你脑海中出现的只是"开会"这两个字，那么你很难达到一段秘书的水准。如果你闭上眼睛，想象一下每个人接到开会的通知是什么反应，你就会意识到有些工作繁忙的同事，有可能会难以准时就位，那么你就会有意识地打电话给每个人，进行事前确认。再接着想下去，你能想象到大家进会议室之后的场景，就会意识到我们可能会用到各种会议设备，这个时候你就知道要去准备投影仪。如果你还能想象到，有些人开完会，可能就把会议笔记扔到了一边，看都不看，那么你就会知道自己应该及时备份会议纪要，分

01 拥有搜索力，资源是个伪命题 ◇

发到个人。如果你想得更深更远，你明白开会这件事是职场中反复出现的一个场景，于是你就会为以后的会议制定流程。想到这一步，你就是一个标准的九段秘书了。

我们常常说的跨界思维，其实也是思维从具体到抽象，再从抽象到具体的一个过程。比如手机行业，这个行业看似和文化行业毫无关系，更与毛主席的战略思想毫无关联，但其实手机行业的一些战略思路，完全可以借鉴到文化行业中来，而且其中的很多经典案例硬是把毛泽东思想运用得炉火纯青。

你看OPPO和Vivo这两个品牌，都是受到步步高集团董事长段永平的影响，采取的是毛主席提出的"农村包围城市"的策略。这两个品牌知道自己在高端市场拼不过华为，所以就专门针对四五六线城市进行开拓。等到它们占据了下沉市场之后，再打回一二线市场做营销推广的时候就势如破竹。采用类似战略的还有拼多多，拼多多的创始人恰恰也受段永平影响很深。阿里和京东花了这么长时间才建立的电商平台，拼多多用了三年时间就完成了。

为什么？因为他们都找到了自己的优势，也运用了农村包围城市、从五环外开始打的战略思想，用自己的优势力量去攻击对方的劣势。那么我们做企业、做个人发展规划,其实都可以借鉴这种思路。

有了把具体的东西变抽象、把抽象的东西变具体这两种能力,你就不愁搜索得到的那些结果由于太抽象或者太具体,导致没法用、用不上的情况。你会发现,找到事情的底层逻辑,再罕见的问题,都有最普通的答案。

抽象思维的几个步骤

1.弱抽象

发现问题的本质是什么。

2.强抽象

在弱抽象的基础上,引入新概念,使本质问题发生结构性的变化。

3.构象化抽象

经历了对前两种抽象的长时间积累,产生的专业直觉。

4.公理化抽象

在打破原有体系的和谐之后,建立起的新的统一。

参考 徐利治《数学与思维》,湖南教育出版社,第一章

02

**明确目标：
发现内驱力，
明白自己内心真实的渴望**

搜索不仅是搜索信息，更是对未知世界的探索。当遇到问题的时候，我们应该有向外搜索的意识，发现未知的自己，获得外界的帮助。

02 明确目标：发现内驱力，明白自己内心真实的渴望 ◇

第 一 节
向内探索：比努力更难的，是看清自己的真正欲望

最近我们个人发展学会接到这样的一份求助：有位学员在一家外企担任部门主任。他原本觉得目前的生活挺稳定的，对薪水也很满意。可最近由于直属上司的岗位调整，以前对他心怀不满的人抓住这个机会，到处说他坏话，导致他工作不顺心，原本一直期待的升职机会也没了。他很不高兴，甚至有了辞职的念头。但他一毕业就进了这家公司，一直都在做同一个岗位，要换一份工作吧，他还真不知道要做什么好。在找到我们之前，他已经和自己的一个哥们儿聊过，也在一张纸上列出了自己的兴趣和特长，分析了自己的职业优劣势，但还是无法做出决策。他又痛苦又纠结，所以找到我们的职业辅导师，想来问问我们，应该怎么办。

首先值得肯定的是，这位学员在做出离职的决定之前，先去跟朋友进行沟通。因为至少他意识到，在做一个决策之前，要去搜集足够的信息，充分考虑再做决断。如果他没有这么做，而是一怒之下直接卷铺盖走人了，等到回家之后冷静下来想想，好像这份工作才是自己毕生的真爱，那就尴尬了。做出工作和生活中的重大决定之前，深入了解一下自己，弄清自己的真正想法，还是很有必要的。

为什么要这么做呢？因为每个人对自己的了解，有时候并没有想象中那么准确。比如说我们的某个同事经常说自己是个内向害羞的人，但实际上，她在公司里非常活跃，一点儿也不害怕当众讲话，勇于表现自己，和人私下交往的时候也能聊得很开心。周末的时候，总是会和不同的朋友相约一起逛街吃饭。那么，为什么这位同事一直真诚地说自己是个内向的人呢？

在一起玩真心话大冒险的时候，我们发现了秘密。原来，这位同事小时候由于身体的原因，卧床休息了一段时间。那段时间，她总是一个人写作业，一个人玩，无聊了就用树枝在墙角画圈圈。等到病好了之后，她和同学相处的时候，总有一种不太自在的感觉。从此，她就形成了自己是一个"内

02 明确目标：发现内驱力，明白自己内心真实的渴望 ◇

向的人"的自我认知。

美国社会学家查尔斯·库里（Charles Cooley）在1902年就发现了这种现象，他把这种自我认知的形式称作"镜中自我"，我们通过别人的眼睛来看自己，了解自己的性格倾向、喜好、习惯做法等，往往比自己对自己的理解要更准确，可以规避单纯的自我认知产生的许多问题。

的确，人对自己的看法，往往存在认识不足的现象。有些人会无意中放大自己的优点，也有一些人会在无意中放大自己的缺点，而你朋友的看法可能会击中一些你自己无法发现的盲点，因此相对来说也比较客观。想要更深一步了解自己的人，可以借用朋友的观点，向外搜索别人的意见，遇见未知的自己。

找朋友咨询意见的时候，建议多听几个立场不同的人的看法。咱们中国有句话叫"兼听则明，偏听则暗"，如果你只问了一位朋友的意见，而这位朋友恰好又是平时和你比较投缘，很能聊得来的，这不就等于间接问了你自己的意见吗？

所以建议年轻的朋友们，在求职的时候，不妨把自己当作一款尚未上市的产品。为了让你自己这款产品能够畅销，你事先就要做调研，搞清楚你的用户是谁，他们喜欢什么。

你只问了一个朋友的意见,相当于在产品上市前只调查了一个用户,这样本数是不是有点太少了?至少也要多调研几次,尤其要听一听那些和你意见不同的人的观点。

日本的管理专家石田淳曾经说过,人其实没有自己想象的那么有个性。大家都无法克服冰激凌的诱惑,明知道该把手里的股票抛掉却怎么都不忍心割肉,在打折促销的时候忍不住想买几件不需要的衣服……这些行为模式,是根植在人性弱点中的弱点,有可能自己由于身处局中发现不了,别人却能一语道破。

向外搜索别人的意见,不代表你应该人云亦云,也不代表你应该让别人替你决策。借用美国著名心理学家布里格斯和迈尔斯的理论,你可以从以下几个维度去了解自己:

1. 我们与世界怎样互动;
2. 我们会留意到什么样的信息;
3. 我们的决策方式;
4. 我们会选择怎样的风格去生活。

很多时候,自我认知偏差的存在,是因为我们对心理疼痛的畏惧感，因而无法留意到本来可以注意到的信息。比如说当一个女人和自己爱慕的男人讲话时，这个男人频频看表。这原本是男人对女人不感兴趣、希望快速结束对话的信号，可这个女人却可能会一厢情愿地理解为"你这么忙，还坚持留在这里陪我聊天，看来真的是对我很有意思"。

这个时候，借助其他人的力量来了解自己的真正想法，多听那些引起心理疼痛的意见，可以注意到自己因为种种原因而没有留意到的外界反馈，面对真实的世界，面对真实的自我，及时调整心态。

总之，遇事不决的时候，可以借助外力向内搜索自己的内心，一步步打开被意识封印的潜意识，找到自己的真正意愿，说不定这样事情的结局会更好。

本节名词解释

镜中自我

这个概念是社会心理学家查尔斯·霍顿·库利提出的，本质是人们形成自我观念的一种心理机制。在他看来，人们的自我观念主要反映了他人对自己的判断。社会心理学家米德（George Mead）对这一概念进行了扩展，认为想要了解一个人，就要看他属于什么社会群体。"镜中自我"的理论认为，人们会设想他人对自己的看法，并会努力使自己的行为符合他人的预期。

02 明确目标：发现内驱力，明白自己内心真实的渴望 ◇

第二节
向外探索：你成长的空间，永远在舒适区之外

子轩最近和自己的一位师兄处得有点不太愉快。原因是，他向这位师兄讨教写简历、找工作的经验，而师兄总是批评他，说他简历写得不好，最好是再改改，否则肯定没法通过HR（人力资源）的筛选。子轩抱怨说，我向你请教是尊重你的意见，你怎么就不能尊重尊重我的意见呢？子轩的这番话听起来很有道理，但的确是这样吗？

其实，很多人都会面临这样的问题，在你想要努力，改变一下自己的时候，会觉得那个给你提建议的人没有用正确的方式帮助你。比如"前辈讲话的口气实在太凶了，否则我一定会听他的"；再比如"我知道你们讲得是对的，但你们不懂我"。不过，在我看来，学习原本就是一件反本能的事，想

要舒服地学习、成长，几乎是不可能的。

大多数让你很舒服的事情都是陷阱。学习就是一件反本能的事，等到万事俱备才开始动手，可能就晚了。走出自己的舒适区，找到那个让你不舒服的状态，人会更容易得到成长。

这是因为，对于每个人来说，得到与付出都遵循着某种价值规律。我的朋友，知名媒体人申音，他也是"罗辑思维"的前创始人。他发过这样一条朋友圈，原文如下，和大家分享：

和我妈聊天，为啥比她文化程度高的，比她年纪轻的都买保健品，她就不买？初中文化的她说法如下：

第一，远离诱惑，坚决不占人便宜。不去领免费鸡蛋、免费大米。

第二，把时间花在自己花钱上老年大学和户外锻炼上，不把时间浪费在免费保健课上。

第三，善待朋友邻里，同时保持距离。远离一切试图熟络亲热的陌生人，远离糊涂人。

第四，学会用智能手机和平板电脑，不用老人机，少开电视，多看儿子的朋友圈。

第五，把退休工资花在穿好一点儿，吃好一点儿上，定

02 明确目标：发现内驱力，明白自己内心真实的渴望 ◇

期去检查。不要节约省下来钱买一万多的水疗床垫。

这位妈妈虽然已经上了年纪，却还是比其他人有智慧，就是因为她知道，让人太舒服的事情之中，有可能藏着陷阱。

对于职场人和创业公司来说也是如此。如果你连着一个星期都很舒服，就要开始想想，是不是哪里出了问题了？作为一个职场人，或者作为一家公司，你天生就是要去解决问题的。舒服的状态哪怕不是人为的陷阱，至少也不会带来什么成长。

大家可能都想要又轻松、薪酬又高，而且还稳定的工作。真有这样的一份工作摆在你面前的时候，建议你还是想一想。凭什么其他人没来做这样的工作，难道是因为他们笨吗？

职场中就真的有很多人，他会觉得太轻松的钱，我不赚。这种人自然能够躲掉很多绵里藏针的坑事。大学的时候，有人给我介绍一个实习的机会，说只要加入他们，就能赚到很多的钱。我大概了解了一下，他们在卖一种会发热的坐垫，这种坐垫看起来成本不过几十块钱，但这种产品的定价却是一千多块钱。我当时就觉得这太诡异了。这个钱为什么会这么好挣？利润为什么会那么丰厚？当时大家都起了疑心，但挡不住机会诱人，一些其他院系的同学还是去了。

后来随着阅历的增加，我才知道，这就是那种不正规的直销。加入这样的组织，可谓害人害己。

什么样的人容易被忽悠，容易上当受骗？基本上都是那些有侥幸心理的人。所以年轻人做事情要脚踏实地，越有侥幸心理，越容易给自己挖坑。

心理学家的研究表明，人会放大自己希望发生的事情的概率，这也是彩票行业得以存在的原因。如果大家希望这件事发生，那么哪怕明明只有0.0000001%的概率，在你眼中看到的却可能是1%的可能性，所以你实际上会愿意付出1%的成本去买这个可能性。

一个人是否愿意为某事去行动，是由他的心理感受决定的，而不是这件事在现实中发生的可能性来决定的。这是一种普遍存在的认知偏差。

做生意也是这样。如果有一天，突然间有个大富豪跟我说：我给你一个亿，你们公司想怎么做就怎么做，就是把这个钱都亏掉也没关系。你敢要吗？反正我不敢要。我从来不相信我会买彩票中奖，我也没买过。我相信勤劳致富。

保持合理的利润率，我觉得对于做生意来说是一个非常

02 明确目标：发现内驱力，明白自己内心真实的渴望

基本的事。虽然牟取暴利，是让一个企业最舒服的事情。所以我很敬重的一家公司就是万科。

你看很多房地产公司就这么做了，但结果就是毁了自己的品牌，也做不长久。万科则不然，它会追求合理的利润率，不会赚用户太多的钱，把精力放在房子的品质上。这种专业的态度对品牌产生了有利的影响，所以人们会用比同类的房子贵的价格去购买万科的房子。这就是万科最后获得的品牌溢价，那么万科的房子还会愁卖吗？

雷军也曾经说过，在硬件上我们永远追求5%的利润率。说完这句话的若干年后，小米9还是提价了。我相信雷军说这句话的时候是真心的，因为如果不提高价格，这个企业就没钱去做研发。提价后的小米，或许仍旧是在追求合理的利润率。

过去读书的时候，教科书里面就有这样一个观点："如果有10%的利润，它（资本）就保证到处被使用；有20%的利润，它就活跃起来；有50%的利润，它就铤而走险；为了100%的利润，它就敢践踏一切人间法律；有300%的利润，它就敢犯任何罪行，甚至冒着绞首的危险。"

这世界上，能达到300%这么高毛利率的生意，大概只有赌博、毒品和性交易那样非法的行为吧。苹果手机的价格

过去一直很高，它占据了中国乃至全世界手机市场百分之八九十的毛利率。为什么今年年初的时候，苹果的手机在降价？它再不降价，市场就被别人占了。因为这么高的毛利率是维持不了多久的。

在我们开始做一件事的时候，不能为了让自己舒服，就抱着心存侥幸的心理；而在事情发展的过程中，如果感觉自己很舒服，太舒服了，反而要警醒自己，是不是自己做事的思路有问题。当你发现苗头不对，意识到自己错了，就赶紧掉头，不要等到最后才悔之晚矣。

找合作伙伴也是一样，要试着找那种有着相同的价值观，但是让自己不那么舒服的人合作。比如说我身边一定会有一两个朋友，做事的风格和我不同的，在做决策的时候，我会特别注重那些和我观点不同的人的意见，去问问他们是怎么看的。

过去在磨铁的时候，我们的总编魏玲魏总的处事风格和我不一样，她是偏谨慎一点儿，我就比较更愿意往前冲一点儿。在重要的事情上，我就会去听听相对更偏"保守"的人的意见。

我们要为自己创造不舒服的状态，是因为我们要做的，不是更容易的事，而是更正确的事。经济学上有个词叫助推，

02 明确目标：发现内驱力，明白自己内心真实的渴望

什么叫助推呢？我对它的理解是，它就好像一个闹钟，闹钟就是让大家不舒服的东西，一遍遍地闹你起床。闹钟让人如此不爽，但是大家为什么还要用闹钟呢？因为你明白，准时起床是你要做的正确的事。

与其在舒适区内止步不前，不如主动去寻找不舒服的状态，这样更有利于自己的成长。要知道，越找不舒服，你就越舒服；越找舒服，你就越不舒服。关于找到让自己不舒服的状态，在这里给大家三点建议：

首先，应该学会向让你不舒服的人去讨经验。

除非你能确定自己独自学习的效果一定比在别人的指导下要好，否则在一项繁重的学习任务开始之前，最好先找到一位前辈，向他讨教经验。在职场上会有很多人出于本能躲老板，而在学校里也会有很多人出于本能躲前辈，因为比自己经验丰富、比自己更专业的人，总会给人带来心理上的焦虑感。而老板或者前辈的经验一般是比你丰富的，他们可以教给你很多东西，所以实际上你躲老板、躲前辈，就是在躲资源。

对外探寻的时候，人都会去主动去寻找那些讲话顺耳的人给自己提供建议。甚至，就算你找到了一个能对你讲逆耳

忠言的人，也有可能你只能听进去那些你最想听的话。这是普遍存在于人类心理中的一个认知偏差。也就是说你实际上寻找的并不是一个真正的建议，而是来自外部的认同感。有时候这样做是没错的，比如当你已经做好决定的时候，就去寻求外部的一种支持自己的力量。但现在我们想说的是，你如何才能在全面地考虑了问题的方方面面之后，向外界寻求帮助。

比如同样一件事，你去找你的闺蜜给你提意见，和去找你的父母给你提意见，得到的回答很可能是不一样的。而且你事先也能预想到他们会给出什么样的意见。有时候你想做一件事之前，如果明知道你的一位朋友会反对你的做法，就可能会不敢去找他问。

这就涉及我们要讲的第二点：那些让你觉得有点不舒服的建议，才是你应该重视的。

这样的话，你在决策的时候，其实是能够跳出自己情感上的排斥心理。因为你的情感一直在偷偷降低这些建议的权重，所以你要在理智上把这些建议的权重提高一些。

比如可以把不舒服变成一种你需要长期执行的人生策略。在健身房里面挑教练的时候，可以挑稍微凶狠一些的；你想

02 明确目标：发现内驱力，明白自己内心真实的渴望 ◇

要去跑步，那么你可以找个小伙伴，和你一起相互督促，相互挑战。这种让你痛苦的事情，就是两个人一起干，才会有动力。

就是你在外部寻找建议的时候，尽可能找到跟你更匹配的标签。

有一个小姑娘，是开网店的，曾经找到我们个人发展学会，说她想要在抖音上当网红，但是她做了几次尝试都失败了。我们的职业辅导师就帮她梳理，后来发现，她自己的长相和性格都是甜美可爱型的，但是她偏偏要去模仿那些走性感路线的博主。她选择的模仿对象就错了，怎么可能成功呢？后来参加了我们的职业精英研修班之后，我们的职业咨询老师给她做了规划，她也认清了自己的特点，后来网店开得很成功。

那么，不管是工作还是学习，我们都可以找与我们自己比较接近的模仿对象。就好像我们图书行业，一本书是有性格的，书背后的编辑也是有性格的。找到一个价值观和性格都和自己比较接近的对象去模仿，比较容易领会到这种风格的精髓。

总之，想要尽快成长的那些朋友，不要去逃避那种让你不舒服的状态。人以群分，物以类聚，基于相同的价值观，我们反而应该去找一找那些和你处世风格不同的人,去听听他们的建议,主动向外探寻。这样有利于保持自己的初心,可以随时调整自己的状态,整个人也会更宽容,事情就更容易成功。

本节名词解释

舒适区

这个概念基于心理学家耶克斯(Robert Mearns Yerkes)对焦虑值水平的研究。耶克斯在《跳舞的老鼠:动物行为研究》一书中指出,过低的焦虑值水平和过高的焦虑值水平,都会对动物的行为水平产生不利影响。后来管理学学者阿拉斯戴尔·怀特(Alasdair White)把这个理论应用在企业管理上,提出了"舒适区"这一概念,认为适当的压力值水平对员工的表现有利。

02 明确目标：发现内驱力，明白自己内心真实的渴望 ◇

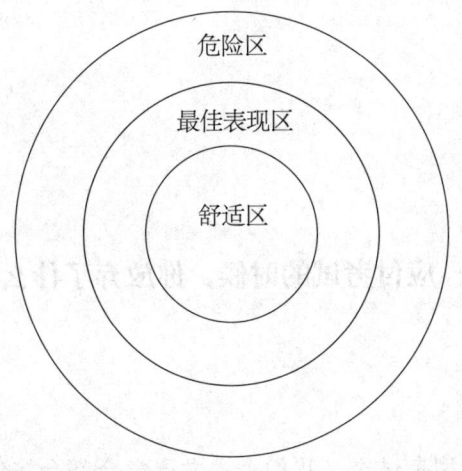

第三节
知识挖掘：应付考试的时候，你放弃了什么？

每到大型考试季，我们个人发展学会都会接到很多和考试有关的提问。怎么利用搜索力来应对考试？

其实，考试是一场对你已有知识的内在检索。心理学家研究发现，本来记得不是那么牢固的知识，经历一场考试之后，往往比自由学习状态下记得更牢了。

学新知识时，人们常会用关键词或关键信息与旧知识相联系，例如记dogma这个词，dog是狗的意思，ma是表示妈妈的拼音，dogma是"教条"的意思，这个词就可以记成"狗妈妈就是小狗的教条"。而考试会加强新知识和旧知识之间的联结，帮助人更好地学习新知识。

温故而知新的一种办法，就是向内检索。想要进入一个

02 明确目标：发现内驱力，明白自己内心真实的渴望

新的知识领域，获得全新的信息，就要向外检索了。这种检索不是简单地在搜索引擎中敲几个关键词，而是要首先有目的地建立思维模型，其次要把自己搜寻到的知识分门别类地放到这个思维模型中去，最后还要找到这些知识的应用场景。

有时候我们会在大学生中间发现这种让人痛心的现象：他们空守好几版教材、历年真题试卷和一个图书馆，却不知道怎么查、怎么用，最后把力气花在了那些最不值得的事情上。你说是他们不会使用搜索引擎、不会去图书馆检索书目吗？不是的。他们的困难不在这里。据我观察，很多人的真正问题是，他们抓不到考试的重点，沉沦在题库的汪洋大海中，找不到考试的意义，甚至憎恨考试。即使通过了考试，也没有提高自己在相应领域的能力。针对这种现象，我谨提出如下几点建议：

首先，就是要找到知识之间的底层逻辑。

找到一些零散知识之间的底层逻辑，就是建立完整的知识链的思维。比如我们个人发展学会的主讲人、清华大学的经济学者韩秀云老师就告诉我，什么样的课程大纲是一个好的课程大纲——就是那种底层逻辑非常自洽，因此能让人很容易地跟着你的思路走下去，看一眼就能把这个框架背下来

的大纲。韩秀云老师给我们个人发展学会打造的经济学课程大纲,就是这样。你很容易就能把她的那个大纲背下来。

这是因为,人的思维是有逻辑的。大脑储存不了太多的信息,如果能把零碎的信息用一条逻辑线索整合起来,大脑就会认为这些信息都是同一类的,就会比较容易记忆。如果你看了一部通俗电影,很容易就能把电影的情节复述一遍,因为电影的情节发展是有逻辑线索的。这种思考活动,是人类大脑会自发进行的。人类脑部的海马结构会把分散在脑中各个部分的零散信息整合成记忆,这种给信息编码的过程是前额叶皮层去完成的,有它的生理基础和科学依据。

其次,可以找到考试的目的,以此目的为基础去建立一个知识体系。

现在很多考试,大家都能找到很多版教材,不同教材之间的体系可能还不一样。比如你去考会计证,你实际是通过这个考试,去具备一个会计应该具有的能力;如果你去考编辑资格证,就是通过这个考试,去具备一个编辑应该具有的能力。如果我是一个应试者,我就会去根据考试的目的,去找这个知识的底层逻辑,而不是为了考试而考试。

我们可以站在出题人的角度去想一想,出题人他一定是

02 明确目标：发现内驱力，明白自己内心真实的渴望

有他的意图的。他为什么要考你？通过这场考试，他希望你具备一种什么样的素养？对这个东西有了深刻的理解之后，再去在不同的逻辑分支中积累知识。知识树是有逻辑有层次的，一个大问题，下面可能包含了若干个子问题，每一个子问题下面又可以衍生出更多的小问题，小问题下面还会包含很多小问题，最后到拆解到不能再拆解为止。

其实所有的知识，它都是有结构体系的。你只有理解了这个结构，从最底层的逻辑去理解它的意义，你的思维就可以展开。很多学科都可以利用思维导图，这是个挺不错的工具。每种知识都有迁移的可能，但如果你不理解这个东西的意义，知识迁移的难度就很大。如果你仅仅是理解了这个知识，却没有把这种理解和你的经验结合，就获得不了这种知识给你带来的技能。

第三，就是在记东西的时候要有活学活用的能力，遇到合适的机会就要向内搜索，把知识调取出来。

在大家日常的学习中，多数人会经常用到的一个策略是反复被动地阅读，比如说一门课程的教材读完一遍再读一遍，觉得每读一遍都可以加深学习的印象，但是事实上研究发现，被动的重复阅读对学习产生的效果是微乎其微的，而主动反

复对知识加以提取，则可以有效地加深记忆。

活学活用是一种对知识的提取能力。2011年，普渡大学的心理学者做过一个研究。他们设置了两个对照组。其中一组参与者不管能不能正确回忆出自己看过的单词，屏幕上都不会出现这个单词的回放；而另一组参与者如果没法回忆出自己刚才看过的单词，屏幕上在出现新单词的时候，就会出现旧单词的回放。结果发现，第一种学习方式中，参与者记住的单词非常少，大约只有1%，而第二种学习方式中，参与者记住的单词则有80%。

我们小时候上学的时候，都有一个体会：在考试之前，你需要去复习地理、历史、政治等学科，因为这些知识我们平时使用得不多。但是在数学和物理考试之前，却很少听说有人需要重新背一遍公式。这是因为平时在做数学、物理练习的时候提取知识的次数很多，对公式的印象已经很深刻了。

如果你想把这种学习理科的方法，用在文科学习上，就要多多调取、使用自己学到的知识，而不是简单地把这些知识背下来。

在国内一些顶尖的外国语大学里，老师讲了一个单词之后，会布置课后作业，让同学们用这个单词造几个句子。这

02 明确目标：发现内驱力，明白自己内心真实的渴望

种简单有效的方式，一来能考察大家是不是真正理解了这个单词，二来也是让大家在反复的记忆提取中加深对这个单词的印象，以便日后能活学活用这个单词。

以上我们讲的这三点关于考试的道理，在其他情况下也是适用的。比如你出于纯粹的兴趣，想要去了解某个学科，也可以用到上面讲的这几个方法。

在职场中也是一样。我们上学的时候面临的考试是看得见的，但进入职场之后，没人考你，也不是就可以高枕无忧了。你如果愿意，就可以把职场中接受的一次次的任务定义为考试。就连和人打交道，也是一种考试。

人和人之间，就是靠着一次次的考验，在考验中拉近关系的。再比如你想去搞定一个客户，见了一面之后没有谈拢，你就放弃了这件事。后来发现这个客户跟另外一个人谈成了一个很大的单子，你可能也不知道。但是这个机会就这样丢掉了。所以，永远要去注意细节，学会去把握机会。

考试本身是一种向内搜索，而为了完成考试，则需要向外搜索。归根到底，两种搜索都是要通过考试这种手段，找到知识的意义感，把它放入自己建立的思维框架，并在活学活用中不断加深对它的印象，这样你的技能就会慢慢增多。

◇ 搜索力：帮你解决 90% 人生难题的思维能力

为什么要在知识之间建立联系？

给知识建立联系：

忘记了 A　　A　　　B　　难以回忆起 A

　　　　　　D　　　C

给知识建立联系之后：

忘记了 A　　A　　　B　　想起了 B，C，D
　　　　　　 ╲ ╱ 　　　　→
　　　　　　 ╱ ╲ 　　　回忆起 A
　　　　　　D　　　C

03

问题驱动：
打造高效解决问题的
搜索逻辑和思维

提出问题，是开始向外探寻的第一步。知道自己向谁提问、怎么问、问什么，精准执行，避免无效努力。

第一节
借来的脑子：提问的第一步，就是放下面子

我们在聊天交朋友的时候，总是能遇到一些"自来熟"的朋友。这些朋友就好像"查户口"一样，滔滔不绝地问我们许多问题。这种人有时候会让人感到很厌烦。我们有可能会生怕自己一不小心就当了这样惹人讨厌的人，但是，不问出第一个类似"你老家是哪儿的"这样的低级的问题，又要怎样才能开始一段友谊呢？

在你接触一个陌生领域的时候，事情也是一样的：你最开始提出的那些问题总是非常低级，很难入高手的法眼；可是不问出第一个问题，下个问题还真不知道要问什么。

前面我们讲到，要走出舒适区，要把别人当作搜索引擎，勇于从老板或者前辈那里搜刮经验。然而大家会存在这样的

担心：我太幼稚了，提出来的问题一定会被前辈嘲笑吧？与其忍受那种羞辱的痛苦，又问不到什么有用的信息，还不如不要提问呢。很多人的心里，很有可能是这么想的。

怎么样才能找到一个好问题，给老板、师友或者前辈留下一个深刻的印象？事实上，一开始你找不到这样一个问题。任何好的问题，总是从蠢问题开始。提问并不意味着你有多高的技能，但是它意味着你敢于思考，也敢于把自己的想法表达出来。

提出一个蠢问题的时候，不要怕被别人瞧不起。别说提问，就是人生这件事，走走弯路也没什么错，让自己痛一痛也没关系，人就是在痛苦中成长的。

比如说我们培养一个下属，什么东西你都直接告诉他，他不长记性；有些东西就让他自己去吃亏，他就会回过头来主动找你了。所以说在教人的时候，有时候说话要留白，有些东西留给他自己思考，不要所有东西都直接告诉他。

年轻人自己也要主动去尝试一些东西，不要怕犯错。很多人根本就不愿意把自己的观点亮出来，因为你怕自己一开口就会被人鄙视。

当然，对痛苦的畏惧也是人类的天性，所以可以给自己

03　问题驱动：打造高效解决问题的搜索逻辑和思维

做一个环境设计和行为设计，故意把自己放在一个相对尴尬的境地，就可以避免未来更大的疼痛。反之，如果你觉得今天过得舒服，明天就可能会遭遇更大的痛苦。

记得以前在大学的时候，我经常去听各种各样的讲座。我看很多人不敢提问，我也不敢提问，真的不敢提问。后来我把心一横，管他的，我就举手。老师说：你想问什么问题？我也不知道我想问什么问题。我心里说，我就是想让你注意注意我。然后我就随便提了一个问题，我觉得这个问题很差劲，完全不合格。

但是我想告诉你们，我当时回去之后特别有成就感。在一个演讲的过程中，作为一个性格内向的人，我竟然向老师提出了一个问题，我觉得自己很牛。至少我敢和那些牛人讲话了。我很高兴，自己迈出了第一步。

所以我觉得很多时候，很多人的问题不是在于他提不出好问题，而是他不会去提问题。或者是有的人提问之后，他的心态不够端正，他不是像我这样得到了满足感，而是觉得自己太丢脸了，下次再也不想提问题了。"天哪！我竟然问了一个这么蠢的问题，老师有可能会批评我了！"面对同样的一个处境，我看到的是硬币的正面，而他们首先想到的是硬币的反面。如果你问的问题真的很糟糕,那么何不想想下次怎样提问题才能更好呢?

俗话说,没有对比就没有伤害。如果你感觉自己的提问很差劲,是因为现场有人问出了比你更好的问题,那么你可以去想想,他是怎么提出这么好的问题的?如果你的心境一直停留在自我否定的层面,你就完完全全不会想着下一步要怎么提出新的问题。所以你只需要把问题想得简单点,问自己下面三个问题就够了:

1. 哪个人比我问得更好?
2. 这个人的问题好在哪里?
3. 下次我如何才能提出更好的问题?

然后,顺着这个人的思路,试着去检索这个领域的资料,补充一些相关的知识,再提出新的问题。

自己检索、独立思考,能让你和陌生专家的沟通更为顺畅,因此做到这两点在职场的沟通中就很重要。

比如说你是一个公司的中层,每天要管理下属,还要向高层汇报工作。百忙之中,你招了一个新人,给你当助理。然而,后来你发现,这个助理看似每天也很忙,很努力,还提了不少问题,但在提问之前,他自己对事情毫无思考,只会问一些诸如"这张表格上面应该填些什么内容?""我该去哪里找资料?"这样毫无技术含量的问题,那你为什么不索性再多花点时间,自己把事情全部搞定呢?

在提问之前,建立自己的观点是最基本的。很多时候,有些人是把领导、同事的观点当作自己的观点,这样人们会觉得你是一个没有想法的人,也不知道该怎样帮助你。所以在建立自己观点的过程中,一定要清楚地区分"事实"和"意见"。

许多人会把大众主流倡导的价值观、意见、看法作为事实,认为只要是权威人士说过,就都是客观事实。反过来,如果能在听别人的意见之前,自己搜索一下,动手弄明白一些事情,就可以更好地吸收别人的观点。

对于别人的观点,如果你能追溯到源头,找到看法产生的根据,就可以更有效地通过提问来学习。所以在职场上,在提问之前,一定要自己检索一下,独立地对问题进行思考。

哪怕你的回答是错的,也要自己先想想清楚。如果你自己有一个方向,别人就会明白你的问题在哪里,更有针对性地给出建议,你自己的记忆也会更加深刻。这样做,以后别人会更乐于帮助你。

在自己动手搜索解决问题的时候,要准确地对问题加以描述。比如说我们公众号有一个功能,就是回复关键字"少毅",可以查看往期音频的文字稿。前两天,有用户想找篇文章来看,但文章本身比较早了,列表里面没有。用户就向我们的辅导师求助。这位辅导师在群里联系了相关的负责同事,但恰好此时这位同事不在线。

看到他自己在认真地寻找答案,群里的其他同事都热心帮助了他。大家推测,可能这篇文章在收录公号的时候,标题改了。正在大家一筹莫展的时候,一位同事突然想到,严格来说,用户想要找的并不是这个文章的标题,而是文章本身。于是他打开用户想找的那个音频,用很短的时间听了音频中的几句话,锁定了一个关键语句。接着他在"个人发展学会"页面底部点击"全部消息",用微信自带的搜索功能搜索了这个关键语句,只花了几十秒的时间,就找到了这篇文章。

在这个问题解决的过程中,涉及三个步骤:第一步,把关键的内行当作搜索引擎;在这一步失灵的情况下,大家想到的是搜索工具。

因为互联网上不论是网站、公号还是店铺,搜索栏已经成了一个必需的存在,所以第二步就是输入标题去公号的搜

03 问题驱动：打造高效解决问题的搜索逻辑和思维

索栏通过标题搜索来寻找答案。

可是标题搜索并不能解决问题，于是那个能够通过输入音频内容中的某一句关键文字来搜索的同事，才用了这最后一步，迅速地找到了答案。

看上去这个过程很简单，实际上反映了拥有超级搜索力的人往往能更精确地定义问题：大家之所以一筹莫展，是因为认为我们需要解决的问题是"找到某个特定标题的文章"，但实际上用户想找的并不是这个标题，而是想找文章内容。所以，把人当作搜索引擎是对的，学会运用搜索工具的意识也是对的，但是高维而又精准地定义问题则是发挥搜索力的核心。

如果自己动手做了，也认真思考了问题的解决办法，还是找不到解决方法；又或者，虽然你想出了一个解决办法，但是不知道这个方法是否优质，是否高效，此时就可以去请教领导或者前辈了。

关于提问的角度，在此引用我们合作过的李开复老师的话，给大家在提问角度这方面提供几个小建议：

1. 多问how（如何），多尝试，多实践；

2. 多问why（为何），理解原因和初衷；

3. 多问why not（为何不），尝试找到不同的想法；

4.多和别人讨论,理解不同的思维和观点。

总之,对于个人成长来说,提问是一件好事,但提问之前和提问之后也要多思考、多搜索,这样做,可以学到更多的东西,也是尊重别人时间的一种方式。

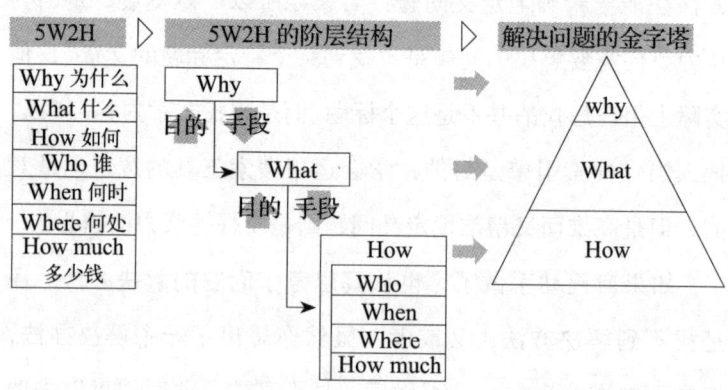

第二节
经验的边界：给经验找到新的适用领域

很多女性朋友在结婚之后，都会有这样的感慨："他对我远不如以前了！"而很多男性朋友呢，似乎也有同样的苦恼："她变得越来越爱唠叨！"我曾经还有一位朋友，结婚之前花了好大心思才把另一半追到手，但结婚之后就开始抱怨对方在家待着的时间太少。

两个人在谈恋爱的时候如胶似漆，结婚之后却并不幸福，这样的现象不算罕见。有些人会觉得这是因为彼此厌倦了，包容心也就降低了。这固然有一定道理。不过，这种现象也有可能是因为一个更深层的原因，也就是恋爱中的相处模式，和婚姻的相处模式本身就有差异。

如果说结婚是一起过日子，恋爱则更像是给漫长的日常生活放了一个假。恋爱是对两个人关系的经营，而从结婚这一刻开始，你要去考虑整个家庭关系的经营，恋爱时的很多经验也就用不上了。这个时候，如果你还老是用恋爱时候的那种状态去要求对方，而不是用婚姻的经营方式去要求对方的话，两个人之间就容易产生矛盾。

也许，你自以为和这个人相处很有经验了，但这种经验却阻碍了你们在婚姻生活中建立新的相处模式。

做其他事情也是这样。很多创业公司招人，并不十分想要招那些在行业里已经非常资深的人士。因为创业公司要做的事，很可能本身就带有一定的创新色彩，而这些资深人士固然很有经验，但这种经验也有可能成为学习新事物的障碍。

与之相比，刚毕业的学生里，那些沟通能力强、愿意学习的人，虽然没有经验，但也不容易受到原有经验的蒙蔽，经过一定时间的培养，就会成为对企业有用的人才。

当年我在磨铁办"黑天鹅图书"这个品牌之前，给下属们开了一个动员会。当时大家对经管类图书的印象就是中信、湛庐、机械工业出版社等出版方做的进口图书。这些对手的优势是，他们有资金，还有成熟的产品线，因此几乎垄断了外版财经书的出版。他们也有自己的劣势，就是

03　问题驱动：打造高效解决问题的搜索逻辑和思维

他们做出来的这些书虽然非常高大上，却和国内的实际情况不是那么契合。

这时候我就要考虑一个问题：如何发挥我的优势？我做本土书的话，有没有机会？

那时正是2009年到2012年之间，微博正逐步开始火起来。在微博上活跃的那些意见领袖很多都是一些企业家或者财经名人。我就想，自媒体时代，是不是会让中国企业家的商业思想，通过互联网的发展被更好地传播？而那些做进口图书的企业，在这方面不是那么重视，这样我们就可以相对比较容易地和这些企业家合作。

另外，分析一下这些财经名人的受众，很多都是年轻的大学生。传统的财经书都属于价格比较高、装帧比较精美的。我读大学的时候看过很多财经书，发现国外的作品论述一个观点，往往要事无巨细，非常严谨，这一点其实不符合我们中国人的阅读习惯。我觉得如果把这些书做得通俗一点儿、本土化一点儿，会有更多人看。

我这样分析以后，就打算和中信等出版社走差异化路线，我们的定价要更低，包装要更活泼、更年轻化，内容要更加通俗，要找一些活跃的、愿意在大众当中传播思想的企业家

◇ 搜索力：帮你解决 90% 人生难题的思维能力

来当作者。

在动员会上，我把自己的这些想法说了。很多工作经验丰富的员工听了我的想法，都暗地里摇头叹气，觉得经管书这个领域，是中信等出版社一统天下；我好好的一个人，却非要干这样的傻事，实在太不明智了。

此时却有两个员工相信了我的话，跟着我踏踏实实干了很多活，最后我们在这个版块打出了一片天地。我真想对他们说一句，谢谢相信，相信能创造一切。这两个员工之所以能相信我的想法，恰恰就是因为他们没有工作经验，眼光不会受到市场上已有产品的局限。

对于新情况、新问题、新局面来说，旧的经验有可能是失灵的。如果我们想要不被自己的经验局限住，可以试试这样的办法：从已有的经验里总结提炼出一套方法论，再观察当前的情况，看看使用这套方法论的时机是否恰当。

照搬别人的经验，可能没法应对新的情况；而对方法论的总结，可以带来能力的提升，也就能让我们给旧经验找到新的适用场景。

我们会发现，罗振宇就是这么做的。他前段时间发表了一个声明，声称要用经营城邦的思维经营"得到"。他认为自

03　问题驱动：打造高效解决问题的搜索逻辑和思维

己在过去的一年里把过多的资源和资金投入到了新用户获取的推广上面，接下来他要改变策略，重新关注老用户的体验，把资源更多的倾斜到体验和质量上，而非投入到获取新用户的宣传上。

"罗辑思维"最早就是靠老用户的口碑，口口相传做起来的。初看上去这只不过是一家公司的战略战术调整，但这件事却是自媒体与内容行业的一个重要信号：经历了初期大家拼命靠概念、靠噱头、靠标题来吸粉的野蛮阶段，如今面对越来越聪明的用户，大家发现获取用户变得不那么容易了。

这标志着，以微信公号为代表的很多自媒体掉粉、掉关注、掉阅读的情况的增多，做内容者最终将注意力重新回到用户体验上来了。

这说明，越是在某个行业里有丰富的经验，就越应该根据情况的变化调整策略，给老经验找到新的适用场景。

以书籍为例，随着网络购书平台的兴起，传统的书店很多都难以为继，因为他们在价格和便利性上缺乏与网络书店的竞争力。很多书店都试图降低读者的购买成本，提高便利性，为此它们的确做出了很大的改进，但还是没能维持下去。原因就在于它再快也快不过物流，再便宜也便宜不过网络。

这是否就说明了书店业就此就没落？其实不然。众所周知，如今很多注重体验的高品位书店却越来越受到青睐。于很多人而言，进去坐一坐，喝杯咖啡，已经成为一种生活方式，而且这种看法并不仅限于文艺青年。

比如"猫的天空之城"就在书店倒闭潮中实现了爆发式增长，其成功之处就在于给用户提供了良好的体验。在猫的天空之城里，你可以喝上一杯咖啡，在优雅的环境里与朋友会面，还可以寄一张明信片给未来的自己。借助于将下午茶和文化创意与书店整合，猫的天空之城不再只是把书店定位为买书的地方，而是把它变成了一家体验店。去猫空，不只是买书，更是体验一种生活方式。

想要不被过去的经验所困，就要有一种清零的心态，为自己总结的方法论找到新的应用场景。

就拿一个人的职场发展来说吧，在一个人单兵作战的时候，我只需要关注我一个人的业绩就行了，但是在有了团队之后，我就需要关注整个团队的业绩。所以有时候，得到领导提拔的，未必是那些业绩做得最好的人，而是那些有管理能力和潜在的管理意识的人。

如果你只看到，我的业绩做得很好，凭什么老板不提拔我？凭什么领导不重视我？为什么别人的业务做得还不如我好，他却比我先升了上去？如果你这样想的话，说明你还是站在评估个人能力的维度在思考。如果这时候你不去清零，不去学习，怎么可能改变呢？怎么会成为一个好的管理者呢？

等你当上了一个管理者，老板不是只看你的个人业绩目标，而是看你的团队业绩目标了。

海尔集团的首席执行官张瑞敏说："永远战战兢兢，永远如履薄冰。"不要让过去的成功，成为今天的牢笼。用清零心态去面对过去的得失，从经验中总结规律，并为这些规律找到具体的应用场景，就可以让我们在成功的道路上越走越远。

第三节
思考也要对症下药：找到真问题，排除伪问题

我们恋爱成长学会的婚姻心理咨询师曾经接到过一则这样的提问：有个女孩说，自己和前男友已经分手了，但是总感觉还藕断丝连。这个女孩的前男友总是打电话联系她，然而又不提复合的事。这个女孩想问，怎么样才能拒绝和这个男孩联系？

这个女孩问的问题，看起来像是一个沟通问题，但是她本质上问的是个情感问题。说穿了，这种情况有什么拒绝不拒绝的，如果真的想分手，直接不接他的电话不就完了吗？

她真正需要解决的问题是：她希望前男友对自己更好一点儿，甚至她心里还想着要和前男友复合，但是她却把自己的这种想法，在表层意识中转化为了另外一个问题，回避了

03 问题驱动：打造高效解决问题的搜索逻辑和思维

自己的真正欲望。

这个女孩实际上没有看清自己内心的真正困惑。我们在界定每个问题的时候，实际上也就界定了这个问题的解决方式。

如果这个女孩面对的问题真的是个沟通问题，我们当然就可以对症下药，教给她一套沟通交流的话术。可是这个女孩对问题的界定就是不恰当的，作为一个好的婚姻心理咨询师，找对了她的问题的真正性质，才能有效解决问题。

大家总觉得纠结这种心态是因为选择太多。实际上，纠结往往是因为选择太少，那个真正你想要的答案没有出现，你才会纠结。

试想一下，如果现在有个男孩，他的各方面条件都比这个女孩的前男友好得多，而他正在热烈地追求这个女孩，那么这个女孩还会因为自己要不要拒接前男友的电话而纠结吗？

找不对问题所处的逻辑层面，我们提出的问题就会变成一个伪问题。

伪问题这个词，是个很有意思的概念。有的人或许会问：命题有真伪，难道问题还有真伪吗？换句话说，你可以说一个判断句是对还是错，但你怎么能说一个问题是对还是错呢？

问题还真的有对有错。比如一名女性总是疑心自己的男朋友，觉得他喜欢上了别人。想到这一点，她心里很生气，于是就问他说："你和她是什么时候开始的？"

如果她的老公心里并没有别人，那么他就没法正面回答这个问题，因为不管怎么回答，都要首先承认自己已经和别人有了一段感情的"事实"。

究其原因，是因为所有问题都是基于某个预设提出来的。这个预设是问题的逻辑前件，就是俗话说的"前提"。"你觉得我哪点不好？"默认的前提是"你觉得我不好"；"你把尸体怎么处理了？"默认的前提是"你当时在现场，和尸体的消失有关"。这个预设可以是真的，也可以是假的。如果一个提问的基础是虚假的预设，那么它就是一个伪问题。

前面我们讲到的这个女孩，她的提问中预设了"这个男孩想和我保持联系，甚至还爱着我"这个前提，所以她才会问"如何才能拒绝和对方联系"这样的问题。所以，这个提问反映出了她自己的内心活动。

面对职场问题，很多时候也是一样的。有些朋友会问：怎么和老板提加薪？为什么老板不给我升职，我要怎么开口？

当然不排除有些老板的确会低估员工的价值，不过，也有的时候，这反映出的是，我们预设了自己的价值很高，但

03　问题驱动：打造高效解决问题的搜索逻辑和思维　◇

我们还要思考一下这个预设是否合乎事实。如果你给公司创造了更高的价值，那自然也能从老板获得的利益中分享更多。

能找到自己或者别人面对的问题，是哪个逻辑层面的，把真正的问题提取出来，这是一种很有用的思维能力，很多时候，看似无解的问题就能因此迎刃而解。

就拿我们编辑签作者来说吧。对于喜欢钱的作者，我们就和他谈市场谈稿酬；对于在意自己声望和公众形象的作者，我们就和他谈作品的营销与推广；对于有情怀的作者，我们就和他谈作品的社会价值与文化价值。

我还曾经遇到过一位没有出过书的老先生，他对于出书这件事不了解，也没有这么感兴趣，以上三种办法对他都没什么用。最后，我带着一位设计师去了他家，给他展示了这本书做成之后的样子。老先生看到这本假书之后非常高兴，和我们签订了合同。我们的编辑在和作者约稿交流的过程，就是不断发现沟通中的真问题，并解决这些真问题的过程。

在面对重大问题的时候，我也更愿意思考，在人生有限的情况下，我对哪个层面的问题更感兴趣。

比如2008年的时候，我的底薪是一万。后来，我去了当时最大也是最好的民营出版公司，也就是磨铁。但与此同时，我的底薪降到了六千一个月。你们愿意这么干吗，降低一半的薪水去做一份工作？但是我从磨铁离开的时候，也就是三年之后，我的底薪是三万。我出来创业之前，有两家公司给我发薪酬，年薪总计算下来是三百万，还有几千万的公司股份。而等我出来创业之后，我自己不仅没有了这些薪水，还需要投入一些资金。从一个月一二十万的收益，到一个月还要倒贴钱。这种创业致贫的事，你们愿意干吗？

不知道你们是否会做出和我一样的选择，但我愿意这么干。这些选择背后的逻辑，和我对人生的看法有关。在我看来，好的人生不是说你80岁的时候，手上有多少钱。

我觉得人生就是一场体验，最有价值的事情就是活出精彩的自己。我想尝试一下，看看我的人生和别人有没有什么不一样的地方，我是不是按照自己的想法活的。这些问题对我来说很重要。

很多人心里只有一笔账，就是你眼下的金钱收益，他们看不到自己的能力得到提升的这个收益。在十多年前，我是图书行业的一个策划人，要做出一些畅销书，后来我就有了自己的团队，然后又要从行业的角度制定战略。

如今的内容市场在不断地变动，要考虑如何去跳出传统

03 问题驱动：打造高效解决问题的搜索逻辑和思维

出版的维度，于是我就去尝试做音频节目。在转型的过程中，我要付出巨大的代价，那么这个时候我就去考虑，这个代价我能不能承受。我觉得自己承受得起，就去做。

这就是人生本来的样子。经历了一个波谷，才能到达一个波峰，就是一条抛物线嘛。当你达到一个高度之后，往下降一点点，积蓄一下能量再往上走。如果我不愿意放弃我在磨铁的职务，又怎么能创造现在的这几家公司？

我想，只有付出非凡的代价，才能成就非凡的人生吧。

谈到这些，是因为这些想法，是我在其他问题上做出选择和判断的底层逻辑。所以，我很少会觉得困惑或者迷茫，我觉得只要能做有价值的事情，创造价值，专注当下，享受当下就很好。

最后，希望大家在面对人生的大问题、小问题的时候，都能目光如炬，排除伪问题，找到真问题。

第 四 节
越级思考的能力：用搜索填平信息鸿沟

我们个人发展学会有位学员，最近入职了一家大公司，本来挺开心的，但是上了几天班，她觉得和上级的沟通不太顺畅。原因是，上级让她去写个PPT（演示文稿），想要在开会的时候用。她本着"多干活，少说话"的原则，自己熬夜加班，默默地把活儿干完了。

在把PPT交上去的时候，原本满心希望能得到上级的夸奖，可是没想到上级却发了脾气，把这一版稿件说得一无是处，搞得她灰心丧气，都没有动力改下一版了。

这位同学看似非常勤快，但我想说，她只是用身体上的劳累，来回避心理上可能产生的疼痛。做这件事之前，和领导进行沟通，的确有可能遭到批评。为了避免被批评，她就

03 问题驱动：打造高效解决问题的搜索逻辑和思维 ◇

自己想当然地去做了。

这位同学没有意识到，自己以前用来写PPT的那些思路，可能是有问题的，可能是需要改变的。假如你遇到了和她类似的情况，那么你至少要明白，刚到一个新的工作环境，和领导的沟通，可能比完成手头的工作更重要。

对于一个工作任务来说，老板本人是你最重要的，也是首先要使用的搜索引擎。

我们的职业咨询师问这位同学，你有没有想过，在完成任务之前，要仔细地问一下这个PPT是在什么场合用的；是给内部的领导看，还是给外部的客户看；领导用这个PPT，具体想要表明什么，是展示已经完成的数据，还是展望期待达到的目标；领导想要什么样的美术风格，是高大上的，还是活泼的……

这位同学表示，自己在做PPT的时候，也曾经想过要问一下这些问题，但是看到上级那冷冰冰的样子，到嘴边的话又咽了回去。她说，自己从来都没有和上级走得很近，可能是嘴不够甜，不会讨人喜欢吧！

这位同学的心态很有代表性。很多人都会觉得，自己天生不会拍马屁，也不喜欢讨好谁，所以领导有的时候才不待见自己。其实，在完成任务之前，和领导进行充分的沟通，绝不是让你去讨好领导，也不仅仅是在形式上对领导表示尊重。

实际上，在接到任务的时候，详细询问领导的意见，恰恰能够让你发挥更多的主动性，在工作上有更多的主动权。

为什么这么说呢？这是因为，如果老板说了一件事，你就按照老板的嘱咐，原原本本地把这件事做了，那么在你发挥最好的情况下，顶多也就能把这件事完成到100%。

但是如果你问了很多问题，弄明白了老板做这件事的目的，你就可以去搜索更多的可能性，为老板提供一些替代性的解决方案。这样不仅能随机应变，帮老板把问题解决得更好，还有可能给老板惊喜。

有一位叫安德烈·卡耐基的青年，在美国宾州一座停车场工作，平时就负责维护停车场的线路安全。一天早上，卡耐基到了公司，发现停车场里一片混乱。原来，停车场的电路出了故障，需要领导的签字才能维修。但是，偏偏今天领导家里有急事，根本不在公司。因为改动电路不是一件小事，万一错上加错，轻则要被公司炒鱿鱼，重则要为接下来可能发生的交通事故负责，所以所有的人都不敢替领导签字。

卡耐基明白，如果电路故障持续下去，停车场有可能发

03 问题驱动：打造高效解决问题的搜索逻辑和思维 ◇

生更大的事故。此时，他挺身而出，私自代替领导在文件上签了字，关掉整个停车场的电源，开始解决问题。后来，停车场排除了电路故障，没有酿成重大车祸，上级表扬了这位青年，把他提拔到总公司工作。再后来，这位卡耐基在职场上一路升迁，到了他原先根本不曾奢望的位置。

卡耐基之所以能处理好这件事，是因为他明白，领导雇用他的真正目的，不仅仅是保障停车场的电线的安全，而是要保证整个停车场的安全。当一个员工非常明确领导要让自己完成的任务实质上是什么的时候，他就会找到足够多的Plan B（备选计划），能够保证领导的意图真正得到贯彻和执行。

如果员工能把执行任务，提高到领会领导意图的高度，还有利于发现任务的意义感，给自己和他人都带来足够的内驱力。

比如说我这么多年管理内容策划团队的过程中，总会遇到一些这样的人，觉得自己做的产品很没有意义，整天习惯性地说一些空话，出去和别人谈合作的时候，心里都没有底气，似乎做这么一个项目出来，就是浪费自己和他人的时间。

后来，我在管理团队的过程中，会使用一个方法，把一张电子表格发给哪些对工作意义理解不够到位的内容策划人，他们看完表格之后，一下子就有了工作的动力。原因是，这张表格上密密麻麻地记录着一个月以来学员们发来的问题。这些恳切的求助，让策划感受到了每个不同个体面对的工作问题和生活问题，他开始觉得自己策划的产品真的能帮到别人，也明白了领导让他策划的所谓"大而空"的选题，其实是很有意义的。

从此以后，团队里的很多内容策划人在工作中变得非常主动，不是仅仅按照领导的安排行事，而是主动针对自己发现的学员问题，去给领导提一些解决方案，然后再把这些解决方案变成产品。

所以，我们鼓励一个员工去发挥主动性，主动去寻找和老板不一样的解决方案，并不是鼓励大家在职场上做个"杠精"，去证明老板是错的。

相反，正是因为大家充分领会了领导的意图，才会开始向内和向外搜索，找到更有效率、更优质的办法去解决问题，最终帮助领导把事情做得更好。

SWOT分析方法的四个维度

	Strength（优势）	Weakness（劣势）
Opportunity（机会）	SO综合分析	WO综合分析
Threats（风险）	ST综合分析	WT综合分析

04

把握关键：
发现从"问题"到"行动"的有效路径

搜索的过程中，目标是一切的核心。围绕合理的目标进行搜索，连接最适合自己的资源，开拓更宽广的未来。

04 把握关键：发现从"问题"到"行动"的有效路径 ◇

第 一 节
认知势能：用高维度的搜索，导航低维度的行动

　　有位朋友在教学培训机构当学管员，简单地说，她的工作就是维护辅导老师和家长之间的关系，改善家长的用户体验，并尽量促使家长们续费，购买其他系列课程。和她搭档的是一位金牌咨询师，这位咨询师能说会道，有时候一天能签下一两个客户，给她带来源源不断的生源。

　　按照道理说，她应该很感激这位咨询师，但是最近，她却和这位咨询师朋友吵了一架。

　　两个人吵架的原因是这样的：咨询师为了做业绩，常常对家长夸下海口，许下了很多不切实际的承诺。比如说他会告诉家长，只要上五次课，孩子的成绩就能提高三十分。很多当过老师的朋友一听就知道，这虽然不是完全不可能，但

想做到这一点，需要孩子自身的觉醒等各种其他条件，有很大概率没法达到这样的效果。

但不明真相的家长往往就听信了他的话，签订了合同。学管员去接待这样期望值过高的家长，难度很大，而且后期很容易因为没有达到家长的期待而产生纠纷。这样的事情多了，我的这位学管员朋友，就对她的咨询师搭档越来越不满，最终爆发了。

这两个人吵架的原因，是因为咨询师仅仅从自己的岗位职责出发，没有考虑到公司整体的利益和需要。他仅仅想完成自己的业绩指标，而没有站在整个团队的角度来看待工作的意义，从长远角度来看，也损伤了整个公司的信誉和口碑。

再比如现在某个教育网站做了一个大活动，预期至少可以让他们的流量增长十倍。流量部门一听，马上心潮澎湃：十倍的流量，这在业绩上是个多大的突破啊！如果流量部门仅仅考虑他们自己，那这个活动肯定非搞不可。

但从公司整体的角度来考虑，真的要搞这个活动吗？还真不行。因为后端服务用户的容量是有限的，承接不住这样的流量，如果这么多人一次性涌入，网站教学和咨询的服务非崩不可；即使网站不崩，用户也不会得到很好的接待。

04 把握关键：发现从"问题"到"行动"的有效路径 ◇

如果每个人都从自己的岗位职责出发，那流量部门的诉求和后端服务部门的诉求之间，就会产生矛盾。

要站在公司整体的角度来看待自己的岗位职责，这是因为公司的利润体系是一个有机的整体。

比如在知识付费领域，有一个商业模式的公式：营业额=流量×产品×转化率，只有在三者均衡发展的情况下，获得的营业额才是最高的。转化率要高，流量要多，产品要好，这才是一个良性的循环，你如果把流量拿掉，还有销量吗？你如果把转化率拿掉，你自己光顾着冲流量，你有业绩吗？你有钱吗？所以大家明明是不可分割的，非得要割裂地去考虑问题，就会影响整个公司的效率。

所以我认为，无论是对于一家公司来说，还是对于一个职场人来说，都要眼望高处，脚踏实地。能站在动态发展的系统高度，看到问题的全貌，是我们每个人值得为之努力的方向。英国思想家特里·伊格尔顿在《狂欢与喜剧》中说过一个故事：一个罐头厂的工人，每天的工作就是几秒钟撬一下杠杆。过了几年之后，这个工人偶然发现，这个杠杆不和任何设备相连——不知道怎么回事，大概是设计师搞错了。结果这个工人当场就发了疯。

这个故事说明，从整体角度看到自己工作的意义有多么重要。

为什么现在好多人都有周一综合征，每到周一就开始厌恶自己的人生？因为他们没有用整体思维去看待自己的工作，没有从劳动中获得意义感。之所以很多人把自己的工作戏称为"搬砖"，就是这个原因。

如果我们能从整体的角度来看问题，许多问题就比较容易得到解决。

我有一个朋友最近很苦恼，因为他最近工作忙，回家的时间比较晚，每天回去之后老婆都很不高兴，和他吵架。明明因为工作晚回家不是什么大事，为什么他的老婆不能理解他，支持他呢？我们仔细想想，其实夜晚只是一整天中的一个时间段，觉得他回家晚，只是他老婆对他的整体感受的一部分。

他老婆之所以会和他吵架，是因为他老婆基于对他的整体感受，对他产生了一个"不可靠"的预判；只是这种预判在"回家晚"这件事上爆发了出来而已。所以，我建议这位朋友，从整体上改善他老婆的安全感，而不是在回家时间这件小事上纠结。后来听说很奏效。

04 把握关键：发现从"问题"到"行动"的有效路径 ◇

想要在工作中突破单点思维，就要摆脱"我就是我的职位"的错误看法，在更高的维度思考问题。

我们平时做编辑工作就是这样。一个编辑不可能光顾自己，觉得我生产的内容就是好，产品出来之后，负责发行和营销的同事，你们必须帮我卖这本书。对于一个编辑来说，产品这部分很熟悉了，你可以去了解一下销售；图书制作很厉害了，可以学习一下设计；写文章在行，可以试试了解下公众号的运营。

这样，对各个岗位都有了一定的了解后，团队合作会更顺畅，你对很多事情的看法都会发生改变，做事的格局也大不一样。

如果你能站在整个公司的立场上，你就能从一件哪怕很小的事情中发现工作的意义。把小事当作大事来做，时间久了，就真的能做大事了。

就拿贴发票这件事来说。为了报税的方便，领导可能会让刚入职的员工帮自己贴发票。你如果觉得贴发票就只是贴发票，仅仅是花费体力来做这项烦琐的工作，那么除了物理上的劳累，你不可能从中学到任何东西。但如果你能看到，贴发票这件事可以节省领导的时间，让领导更高效地工作，他就可以花更多的时间来培养你,你就会更加主动地贴发票。

进一步,通过贴发票这件事,我们可以了解领导跟什么样的客户打交道,了解公司的客户关系圈,再通过这些信息,就可以知道自己未来要去跟什么样的人打交道。跟领导出去吃饭,也可以看看领导一般在什么样的场合吃饭,顺便和领导学一些社交技能。

所以,现在如果我让别人帮我贴发票,我也不仅仅是让她做这件事,而是同时还要告诉她,这件事的意义在哪里。善于发现事物背后意义的人,同样善于在小事中发现更多的可能性和机会。

如果你想要对接需求和资源,就更应如此。你之所以能把资源和需求匹配起来,就是因为你能够站在产业链乃至整个行业的高度来看问题。合作过程中,你需要用你看到的这种意义,去说服两方甚至多方通力合作,让他们明白自己各自的优势和位置。

这不是靠情商就能办到的,而更多地是靠着一种有意义的整体思维来实现。

就拿我们公司来说,现在我们有图书、轻付费、训练营和教育培训四大业务版块。我们所有的产品经理都在同一个

04 把握关键：发现从"问题"到"行动"的有效路径 ◇

微信群里，当我们任何部门的某个产品经理想要策划一个内容产品的时候，就会去找其他部门的同事商量，比如说会一起探讨，从什么业务版块开始做，对打造作者的个人品牌最有利。

假设我们公司的某个项目是从一本书开始的，那么这本书面世之后，我们肯定要着手开始做营销。书籍的策划编辑，也就是对产品和作者最熟悉、最了解的那个人，就会基于内容本身，再根据其他几个部门的产品生产逻辑，给出策划一系列图书营销活动的策略建议；而这些营销活动，因为符合其他几个部门的受众需求，也是在受众熟悉的场景中进行的，所以不仅不会给用户"做广告"的感觉，反而丰富了其他部门提供给受众的内容，优化了他们给受众提供的服务。

现在，我要求我们公司的产品经理们，都要尽可能多地去利用其他部门、其他版块的资源；用得越多，说明你对公司整体的业务模式就越了解，你的个人价值也就越大。

你们可以看到，我在这里提供给大家的建议，都是非常真诚的，认为对大家有利的，因为我们公司内部培训的时候，我也是这样要求所有员工的，他们也是按照要求这样做的。

总之，如果一个员工能够不被自己的岗位局限住，能站在公司整体的角度思考问题，就更容易在公司的内部和外部连接各种资源，同时也注意培养自己岗位所需要的核心能力，那么他就更容易在职场上有更高的职位和更长远的发展。

04 把握关键：发现从"问题"到"行动"的有效路径 ◇

营销方案的必备要素

1. 引流，怎么把客户引流到店里。

2. 截流，怎么把客户留下来。

3. 回流，怎么让客户回头多次消费。

4. 留财，怎么把客户的钱留下来。

5. 裂变，怎么让客户给你介绍客户。

第 二 节
目标感：在人生的每个阶段找到方向

上一个小节里面，我们讲到了要站在公司整体的角度思考问题。但同时也要提醒大家，不要一上来就想着什么都学，一个人把什么都干了。

就拿我们公司的一个同事来说吧。看看她的简历，会发现她做过教师、社区运营、内容运营、图书编辑，可以说几乎干过我们公司所有部门的相关工作。

按道理说，这样的人应该对每个部门的需求都有一定的了解，和其他部门对接应该相对比较自如一点儿，也比较容易理解公司的整体目标，但是我一开始真的不想录用这样的员工。

为什么这么说呢？原因是这样的：首先，她有可能受到

04　把握关键：发现从"问题"到"行动"的有效路径

以前经验的局限，不去了解其他部门的具体目标。比如说同样是内容运营，有的公司的这个岗位就可能完全是以流量为导向的。那么在这种情况下，你去蹭热点，去做新闻的深度分析，都是非常有必要的。因为热点事件能为帖子带来很大的流量，有可能直接产生10万+的热帖。

但是，从我们公司的整体目标而言，这一点却不成立。因为我们希望给用户带来的是有利于个人成长的内容，希望他们看了我们的帖子之后能真的吸取到一些人生经验。所以我们的新媒体部门就不会完全地以流量为导向来选择内容，而是按照整体计划，慢慢积累流量，不求为了爆文而爆文。

如果一个有经验的员工，没有清零的心态，不去重新了解新的公司和新的环境，就会对其他部门的同事的需求视而不见，按照自己习惯的老一套去做，这势必会影响她接下来的发展。

其次，这个员工在教师、社区运营、内容运营和图书编辑的岗位上都没有做太长的时间，可以说是平均用力，对每个岗位都没有很深的了解。那么你去看这个人的产品的时候就会发现，她也知道要去模仿一些优秀前辈的做法，但是由于学得火候不够，做出来的东西比较似是而非。

比如说她自己作为内容运营写出来的作品，的确也知道通过模仿去满足一些常见的用户需求，但是明显缺乏主动去洞察用户需求的意识。她偶尔能在标题上仿写出一些成功前辈的句式，也能看到最近大家讨论的热点词都有哪些，但是她只能做一个追随者，如果你要她比别人快上半步，独立思考，根据用户需求起一个标题，她就做不到了。

这样的一个员工，如果没有主动学习的意识，反而不如刚入职场的新人。不过，所幸的是这位同事在几次具体业务上的碰壁、挣扎与疼痛之后认识到了这一点，成功度过了试用期。

我承认，通过洞察需求、对接资源，的确能够让一个人快速成长，这也是我们在这本书里给大家介绍这种方法论的意义。大家可以把这种能力植入到你的职业生涯规划或者人生战略的深度探寻当中，经常带着这种思路去观察、去思考，但不要操之过急，想着刚入职的时候就靠小聪明、倒腾关系，去做个资源掮客，那几乎是不可能的。

好办法的确可以让你比别人快上一步半步，但却不能代替你的个人思考、努力和累积。

如果每个人都想做一个资源掮客，赚轻松钱，那么不妨

04　把握关键：发现从"问题"到"行动"的有效路径 ◇

问问自己：别人为什么要找你？现在，假设你是对接了两个不同公司的资源掮客，你帮他们做成了一笔生意，也拿到了佣金。但后来，他们可能会渐渐地发现，每次交易都要通过你，既增加了沟通的环节，又要付出额外的开支。于是——尽管这样做有点不厚道，这两家公司在下一次交易的时候，跳过了你。这有点残酷，但这符合经济规律。在市场环境中，没有人可以逆着经济规律办事，你也不行。

心急吃不了热豆腐，我们回到做好事情的基本逻辑上来。能做好自己的岗位目标，这个目标就好像放在眼前的鱼；像自己的领导或者老板一样，拿着更高的收入，面对着更高维度的事情纵横捭阖，可能是你想要的熊掌。

但是你要知道，能在看到自己的岗位目标之外看到公司的整体目标，并用这个整体目标来指导自己的工作实践，你就是用吃熊掌的思维来钓鱼。也许工作的前三年，你只能吃到鱼，不过你能基于整体来务实地把握当前的阶段，以后你一定能吃到熊掌，一切只是个时间问题。

最怕的是，很多人看不上鱼，嫌钓鱼累，容易眼高手低，看不起基础的岗位。你有再远大的理想，也要懂得思维可以在高处，脚一定要落到实处。看到整体目标之后，再把目标拆解成最小的单元，那些看上去最笨、最基础的工作，可能是最有效且必经的道路。

就拿做销售工作来说，我经常跟身边的朋友说，千万不要小看做销售的，搞不好哪一天你会发现你当年看不起的人就是今天的大佬。我们无法进行精确的统计，但有一个流行的说法：有一半以上的公司创始人，都是销售出身。想想董明珠、李嘉诚、宗庆后等人，的确也都曾经做过基层业务员。

一方面这是因为做销售能锤炼心智、练就好的心态、提升一个人的情商，另一方面也是因为做销售的人更懂得去观察一个公司或者一个人的需求，也有足够的能力去找到资源，满足他们的需求。

一个从未工作过的人，不管由于自己的出身，占有多好的资源，都很难一步到位地精准理解和把握别人的需求。想要明白其他人的需求，乃至整个市场的需求，一般都需要在工作过程中，一步一步，通过观察来获得。

我有位朋友，现在自己也出来开公司了，曾经也是他们公司跑业务的。在他做业务的时候，除了和客户建立良好的私人关系之外，还特别注意倾听客户在使用过程中遇到的问题和烦恼，并且主动努力去帮他们解决这些问题。

04 把握关键：发现从"问题"到"行动"的有效路径 ◇

由于他当时能力有限，岗位也不允许他做太多的调整，最后这些问题可能有些并没有解决。不过在这个过程中，客户却看到了他的诚意，于是他渐渐在客户中积累了不错的口碑。如果我的这位朋友想要做资源掮客的话，这种口碑就是他不可替代的个人价值。

如果鱼与熊掌不可兼得，你再想要熊掌，那么最好的办法还是踏踏实实地先把鱼拿到手。千万不要眼高手低，也不要一个萝卜好几个坑。真正的长久之计，是在还年轻的时候，有耐心地坚持做一些看起来不那么值得的事。

聪明人总能立刻发现最值得做的事情，能找到两点之间距离最短的那条线，但我还是觉得，即使你是个聪明人，也要下一些笨功夫。

为什么这么说呢？因为聪明和笨相比，笨才是比较稀缺的资源。中国人里面从来不缺乏聪明人。当你有了一个聪明的点子，可能已经有一百个人、一千个人都这样想过了。但如果我们问一问，是不是这些人都已经这样干过了呢？恐怕人数就要少很多。

美团的 CEO 王兴曾经说，互联网进入下半场，要靠基本功取胜。这是因为在风口上，猪都可能飞起来，但等到风过去的时候,摔死的一定是猪。互联网下半场的时候,要从最难的事情入手,越难的事情干的人越少,越容易的事情干的人越多。

一个聪明人可能会更快地理解组织的整体目标,但是我们不提倡凭借小聪明,在刚入行的时候就找那种又舒服又来钱快的轻松活干。要知道,出来混,迟早都是要还的。基础打牢了,不怕楼盖不高。在一切顺利的时候,你可能也的确能借着机缘和运气碰来的资源赚到快钱,但随着时间的流逝,如果没有长远打算,慢慢为自己积累下不可替代的价值,那么本来能够获取的所谓资源,也有可能会慢慢枯竭。

所以,在具体的工作中,建议大家既要动脑思考,去发现组织的整体目标;也要脚踏实地,把组织的整体目标拆解成最小单元,在最小单元的范围内做到最好。这样坚持做下去,就会打造出自己不可替代的个人价值。

第三节
脑力云共享：借力打力，才能毫不费力

在前面一节，我们讲了一个人应该眼在高处，脚踏实地，打造出自己的核心价值。在核心价值之外，达成自我小目标的同时，有时候我们不得不考虑去参与完成一些基于整体的、相对复杂的综合性目标。那么在这种情况下，具体说来，我们又该如何处理自己与其他同事或者各类合作伙伴的关系呢？

首先要知道，在职场中，不该你做的事，就应该交给别人干，你应该把你自己的精力放在最重要的事情上。

如果你真的想当一名斜杠青年，那么你首先要尽可能高维地定义清楚自己工作岗位的核心职责是什么，然后以这个核心职责需要的能力为中心，去做一些延展。

比如你本来就在从事编辑工作，这项工作需要比较强的文字功底，需要你对事物有更多维的感知力，还要有较强的表达与鉴赏力。那么你在日常生活中，也可以考虑试着自己写点东西，从不同角度提升自己的语言能力。

其实，有些管理者，也同样存在事必躬亲、抓不住核心的问题。有一个朋友一次向我抱怨说，他一年忙到头，累死累活，整个公司才赚了一百多万。我详细了解了一下情况。原来，这位朋友的管理实在是太细致入微了。原本应该靠员工自己去解决的问题，老板都亲自解决了，这样反过来就会导致整个公司里面没有人愿意思考，一切全凭老板的吩咐行事。

《三国志》里记载了这样一个故事：有一次，魏明帝闲来无事，想去看看自己的臣子陈矫在忙些什么。到了陈矫屋里，看到他桌上摆着很多公文。魏明帝也实在是闲，就对陈矫说，我来看看这些公文好了！原本这些公文对于魏明帝来说，当然也不是什么机密了，没想到陈矫正色拒绝了。他说，看这些公文原本也不是陛下您的职责，您还是请回吧。

其实无论是管理者，还是普通员工，都容易陷入一种自己无所不能的幻觉里。人一旦进入这种幻觉，就有可能开始

闭门造车了。实际上在一个公司里,工作往往是以团队协作的方式进行的。当你进入一个项目团队,一定要弄清楚几个问题:

1. 项目的目标是什么?

2. 有哪些人跟你配合?

3. 你有哪些短板?又有哪些优势?

4. 其他人各自都有什么优势和劣势?

5. 每个人都应该发挥哪方面的优势,来完成这个项目?

6. 有哪些关键点需要把控?如何防止项目执行的风险?

7. 你在项目中的位置是什么样的?

弄清了这些问题的答案,你在具体推进项目的时候,才能做到心有乾坤、收放自如。和人配合,切忌一切事情都亲力亲为。

当员工也是如此,即使你是为别人服务的,也不能替这个人解决所有的事情。

比如说很多老板都有自己的助理。有的助理当得很轻松,还受老板赏识,而有的助理却当得很累,最后还费力不讨好,之所以会有这么大的差别,是因为有的人把握到了助理的精髓,而有的人没有。助理的精髓不是"帮人处理事情"——

如果助理可以把事情都搞定，还要老板干什么？

助理的真正精髓在于"助推"，正如"九段秘书"这个概念所强调的，初级的秘书只能帮老板做些后勤上的事，而高级的秘书则可以巧妙地推动老板和相关负责人，去做他们应该做的、更重要的事。

再比如说我们的内容出版行业，编辑和作者之间的合作也是如此。有些编辑的控制欲太强，约小说稿的时候把创作大纲、框架，甚至每一个章的情节设定都给作者写好了，这种过度管理大大降低了作者创作的积极性和创造力。

其实这是作者应该自己去考虑的事儿，编辑要做的工作，是帮助作者看清他的价值和定位，帮助他规避短板、发挥所长，帮助他更好地去和用户连接。

我为什么强调的是"帮"呢？因为有很多不成熟的产品策划人，他在跟专家沟通的时候，忍不住就会越俎代庖，想要告诉对方应该怎么做才对，比如"你应该怎样怎样"或者"你要怎样怎样改"等，而很多时候，内容编辑和内容生产者之间的冲突，就恰恰来源于"帮助他"还是"要求他"这两者之间的冲突。而当你想要帮助对方的时候，应该这么说："你觉得这样改怎么样？我们这个样子是不是会更好呢？"我经

04 把握关键：发现从"问题"到"行动"的有效路径 ◇

常跟我们的产品策划团队说：你们的工作和管理者的工作很相似，甚至要求你们比一般的管理者做得更好。因为你们面对的是各个领域的权威专家或者德高望重的老师，他们并不是你们的下属，你们彼此互为学生、互为老师，所以你们既要有教练型管理者的艺术，又要有学生的好学心态。要知道，好的领导者，往往更像是一个服务者，真正的高手出招，往往你都感觉不到他什么时候出的招。

每个人都不是全知全能的，我们不得不面对属于自己的搭档或者合作伙伴。如果你想要让自己成为一个好的合作者，接下来，按照下面的这些方法去做，你们的合作可能会更加顺畅。

一、让对方认识到这件事的意义和价值。想要对方配合，首先可以让对方明白这件事的意义在哪里，而他对这件事独特的价值又在哪里。

举个例子，我曾经和飞亚达的前董事长徐东升先生聊稿子。他告诉我，他做了几十年的管理工作，一边实践一边学东西，看了很多的书，光捐给公司的都至少有一万本。当时我深刻地感受到他是一个有情怀的领导者。我听他讲自己读书的经历,感觉很兴奋。

我迅速联想到,市面上有两类作品,一类是偏理论型的教授专家型作品,一类是偏实践型的管理者创作的作品,而徐总则是管理领域非常稀缺的、既有理论又有实践的专家。

我告诉徐总:"这实在是太好了,像您这样管过上千号人的企业管理者虽然有很多,但是像您这样读过如此大量书籍的、能够将理论与实践结合的人不多。广大读者很需要您这样的作者能够给他们传播管理知识,这将是一件非常有价值的事。"这样,我让徐总看到了自己的积累,与图书市场的用户需求之间的相关性。

二、保持对方的热情

还是拿编辑和作者的配合来说,如果你要想作者不拖稿,始终配合你的工作,你可以时不时地出现在他面前,让他感受到你的存在。你和作者聊的不一定是工作,也可以时不时地聊聊生活,分享一些趣事。

如果你足够有心,必定能从互动的细节之处让他间接感受到对创作的渴望与热情。即便你没有达到这个境界,重要的是,要让他意识到,有人在他的生活里,在等着他,这比罚款都管用。

三、建立"动态平衡"

所谓动态平衡就是说,通过控制某一物理量,使物体的状态发生缓慢变化。是物质系统在不断运动和变化的情况下保持宏观平衡的状态。

说得简单一点儿就是,从你们合作的项目本身出发,一定有一些东西是不能变的。不能变的你就去守住原则,可变的就和对方商量,看看怎么调整。

在批评别人的时候,可以采用"三明治法则",就是"肯定—建议—再肯定"。注意,是给对方建议,而不是直接地否定对方。我们尽量不去说这个事情是错的,而是要尽量让他自己悟出来,自己应该怎么做。如果能让对方感觉跟你合作很愉快,甚至还得到了成长,那么他会非常配合你的工作。

四、允许别人犯错

在合作的过程中,大家的意见难免不统一,那么要怎么办呢?

我认为,但凡是合作,肯定是基于达成共识的基础上了。

项目的主导者要有一种包容的心态，在守住原则的前提下，把握进和退的边界，只要影响不是很大，就不妨多按照对方的想法来。

因为你也不是每一件事情都是对的，他也不一定每个想法都是错的，所以要允许对方犯一些小错误，最后，他觉得自己走过头了，还是会回过头来听你的。

总而言之，一个聪明人未必要什么都会，什么都精。聪明人的聪明之处，可能就在于他知道要去找另一个能帮他解决问题的聪明人，用好的工作方法和沟通方式，在相互协作中把事情办成。

第四节
有效知识：找到应用领域，学习才能闭环

读书的时候，经常可以听到身边有人这么抱怨："真的不想学数学／语文／英语，这些东西学了又有什么用？"如果你顺着这种人的思路想下去，似乎单就你学到的知识而言，学习这些东西还真没什么用。再跟着这种思路想想，不仅这些基础教育阶段学到的知识没有用，就连上大学，好像也说不上来到底有什么用。

这样的看法当然是错的。一般认为，教育所传授的，并不仅仅是某一门学科的知识，而是一种有逻辑、有体系的思维方式。就拿哲学来说，这是一门找不到任何实际应用领域的学科，可以说是一点儿用处都没有了。

但我哲学系的朋友告诉我，他觉得学哲学的好处，就是

发现任何问题，都可以用完全不同，甚至相反的思维模型来解释，因此人对于各种不同的想法就会变得更加包容。

事实上，找到知识的应用领域，能真正明白知识有什么用，这是一种利用旧知识、产生新知识的能力，也就是俗称的智慧。想获得信息，只需要在搜索框里敲上几个字就可以；而想把知识变成能力，了解它们到底有什么用，就非得经过刻苦的学习和认真的思考不可。换句话说，知识并不是天然就有用的，想把知识变成能力，原本就是一种更高的境界。

哈佛大学的政治哲学家迈克尔·桑德尔（Michael J. Sandel）说过："学习的本质，不在于记住哪些知识，而在于它触发了你的思考。"

当我们把死的知识，变成一种活的洞察力，就更容易看到别人因为司空见惯而无法察觉的新信息，因而产生某种创见。

多年前，我曾经读过一篇研究《红楼梦》的文章。这篇文章指出，邢夫人和王熙凤分明是婆媳关系，然而整部《红楼梦》中两个人却从未产生任何对话。这说明，精明能干又得宠的王熙凤，和胆小怕事不得宠的邢夫人相处得很不融洽。

这个说法可能是对的，也可能是错的，但从大家如此熟悉的一部作品中，产生对人物关系的新看法，这靠的就是给

04 把握关键：发现从"问题"到"行动"的有效路径

原有的生活常识，在文学中找到用武之地了。

那么，我们又要如何给原有的知识，找到新的应用领域呢？今天就和大家分享一下我在这方面的一些看法。

我觉得读书学习这件事，可以分四层境界。

第一层，就是死记硬背。死记硬背里面也有理解，不过可能只能理解一些字面上的东西。别小瞧死记硬背，这种能力是一种基本功。很多东西死记硬背的价值，就如我们每个人张嘴可以来的九九乘法口诀一样重要。

第二层，是理解逻辑。读书的时候，可以让思路顺着整本书的逻辑脉络走一遍。读到后来，这种理解可能会愈加深入，以致你能顺着作者的思路，说出他没有说过的见解。一般人读书能读到这一步，就已经很不错了，不过可能也就止步于此了。

第三层，要把书中的内容内化为自己的经验。比如说我们公司的编辑都听了我们公司的总裁、我的合伙人石姐和我一起为内容产品策划人这个职业岗位开发的公司内部课程。在他们听之前，我会建议他们可以在大脑里制造画面感，同时结合自己过往的实操做心得笔记。那么别人做产品的时候产生的一些心得体会，我们可以拿来指导自己的工作，并且把这种指导,融会贯通到自己的工作当中,并在每周的周报里把自己对知识的运用写成文字总结。这样我们就不仅仅是学到一些知识了,而是获得了一个专业技能包。

第四层,把书中的内容和别人的经验得失相连接。个人的经验终究有限,如果你只把书里的内容,运用到自己的工作生活中,那么你最多只能在几个有限的场景中验证你所学到的知识。可如果你同时把学到的知识结合你看到、听到的别人的经验来一起思考,就可以看到在很多其他场景中这一知识是怎么运用的。

你的体会越深刻,能够运用所获知识的场景就越多。在这个过程中把知识变成经验技能,再把经验技能升级成底层规律的洞见,这就是一个把单点思维转化成系统思维的过程。

这种知识的转化能力,其实也是一种搜索力。就拿职场指导和恋爱指导来说,这看似是两个完全不同的方向。我之前和朋友做了一个在线情感婚姻知识学习的品牌"恋爱成长学会",又在后来做了我们现在的"个人发展学会"。

一条在恋爱领域行之有效的道理,在职场领域其实也是讲得通的。比如说你为一个异性的付出,其实就是在拿自己的时间和精力在做投资;而相亲过程中第一次见面,也可以

04 把握关键：发现从"问题"到"行动"的有效路径

理解为一个人进行自我营销的过程。恋爱问题和职场问题都可以切换，其他问题也是一样。

当我们遇到一个问题，想要去请教别人之前，不妨先问问自己：你在其他领域是不是已经积累了类似的经验？那么有没有可能把这种经验迁移到这个新领域？当你能把一条经验转化为一百条经验的时候，就会发现很多问题可能都没必要请教别人。

反过来，如果一个场景中得来的经验可以化用在一百个场景中，那么从一百个场景中得来的知识，也可以拼凑出同一个场景中的故事。比如说我在大学的时候，非常喜欢读美国金融人物的传记，最后我发现这些金融大亨的故事，都是相通的，可能是互为故事配角的关系。看不同人物从不同侧面讲述同一个故事，很有意思。

发现事实背后的意义感，有利于知识在不同场景之间的迁移。比如我平时会关注科技新闻，我看科技新闻的感觉和追剧差不多。最近我看小米手机的发布会，发现雷军把小米Mix3和华为的Mate20放在一起做了一个对比。以前雷军并不会这么做，顶多就是说友商的手机如何如何。可这次为什么会指名道姓，说到华为头上呢？说明这次的战斗对小米来说至关重要,小米有非赢不可的焦虑。

如果我只是简简单单地看到雷军做了这么一件事,不去思考它背后的原因,大脑就会觉得这个信息没有意思,就容易遗忘。只有我们给记忆赋予了某种意义,它才能够被调取。

对知识加以记忆,是比较浅层次的学习。我们可以给知识迁移更多关注,对知识加以更深层次的学习,这样做有利于我们把知识转化为能力。当然,这种学习方法,比单纯地对知识加以记忆,要花费更多的时间。

如果你要学习的领域对于你来说是全新的,那么你很可能会觉得一开始在这个领域中读第一本书的时候比较困难,因为这个时候新信息的量比较大。不过,只要坚持下去,等到你能够把一本书和另一本书关联起来,进而能把一本书和另外一百本书关联起来的时候,再进而能把这一百本书中的内容应用在一万个场景当中,你在这个领域得到的知识,就很难忘记了。

总之,我们一般不会去说,某个知识学了没用。因为使用某种知识,本身也是需要学习,才能有意识地去实现。向外检索,找到知识的应用场景,是比背书更高级的学习过程。

第 五 节
无解之解：
有些问题永远找不到答案，但仍值得去思考

雪冠和很多同学一样，在毕业之后就进入了迷茫期。

其实在上大学的时候，他不仅没有混日子，相反还比较优秀。他喜欢参加集体活动，热爱运动，担任过学生干部，甚至还和团委的老师一起组织过两场校级的音乐会。

这样活跃的雪冠，在毕业的时候很容易就得到了一家公司的录用，在一家留学机构担任咨询顾问。但由于刚进入社会，雪冠对新工作不是那么适应，再加上公司今年业绩不好，他没有通过试用期。

因为这次打击，雪冠感觉自己突然失去了人生方向。家里人建议他去考公务员或者事业单位，至少比较稳定。天性

活泼的雪冠不喜欢这个建议，他觉得去了这些单位，没法按照自己的想法生活。他听从家里的建议去参加了考试，但并没有认真准备。

雪冠身边的朋友鼓励他去创业。雪冠明白自己的实力还没到这种水平，觉得创业的风险太大，也没有志同道合的伙伴。

雪冠说："其实找到一份工作，以我目前的能力是办得到的，但我就是在纠结，人生的意义究竟在哪里呢？"

现在很多年轻人也像雪冠那样，一毕业就进入了迷茫期。对于他们来说最大的困惑不是生存问题，而是意义问题。他们找不到年轻时那种激情澎湃的状态了，干什么都觉得没劲，用网络语言来形容就是所谓的"丧"。

在我看来，这种所谓面对大问题的纠结，实质是不敢思考，不敢选择，害怕失去的表现。因为你做一件事的时候，就丧失了做另外一件事的机会成本。

当你面临一个重大的人生决策的时候，你可以先试图去描述它，描述得越细越好。然后你闭上眼睛，去想象，去体验。很多人就是缺乏事先的调查，缺乏对未来工作场景的想象，才会陷入无限选择的恐慌中。而实际上你的每个选择，都是在有限的范围内做出的。

04　把握关键：发现从"问题"到"行动"的有效路径

最好的办法，就是找一个师兄或者师姐，问问对方现在的工作要做哪些事情，对自己的生活状态是否满意，未来有哪些期望和规划，等等。

用这种方式，你可以列一张清单出来，把自己有限的选择中，那些不可能的选择一一划掉，剩下的就是你可以接受的选择。

比如说你正在考虑要不要去一家公立学校做老师，不过你有晚睡晚起的习惯，而老师要早上六点起床。你可以尝试一段时间，看看自己能不能适应这样的生活。如果不行，就趁早把这项选择从清单上划掉吧。

有句话说得好，少年壮志不言愁。很多人会觉得现实不符合自己的理想，自己的人生目标太大，现实根本容纳不了。

其实再大的目标你还是可以运用我们在这本书里反复强调过的老方法：确定了一个大的人生目标之后，就开始拆分，把它拆分成一个个的小目标。任何看似长期的、不可能实现的目标，经过拆分之后，看起来都会变容易许多。这个时候，你会发现自己当前所要做的职业岗位角色没那么难，选择也没那么少。

空闲时间，我喜欢和我的一个朋友打台球。虽然我的球技不怎么样,但热情极高。而对方球技过人,每次我与他打球,十次有九次输,而且赢的那一次也是他让了我三个球。在外人看来,我和他打球,那就是在找虐。不过我就是喜欢和他打球。为什么呢?

因为在我看来,难道因为打不过对方就不打了吗?如果这样下去,我一辈子就别想打过他。于是每次我们打球后,我就告诉自己:下次再比赛,只要我赢一把,那我就算赢了。而当我真的赢了一场的时候,我又告诉自己:下一次只要我赢两场,就算赢了。慢慢地,我从最初场场都输,逐渐演变成能和我的这位朋友打成平手了。

在这个过程中,我在心里重新给自己定义了输赢,更重要的是在每一个晋级的阶段,我都觉得没那么畏难了,快感和嗨点时时都有。

不要为大问题纠结,同时也不要为自己设限。

字节跳动的CEO张一鸣说过这么一番话:"我觉得动不动就说'凉凉'是很势利的。什么是势利,势利就是只对表面现状的附和,不能超越现在,去想象还未发生的事情……把'不可能发生的事情'改成'理论上可能发生,但事实上还未发生的事情'。浪漫就是如此。"

04 把握关键：发现从"问题"到"行动"的有效路径 ◇

很多时候，如果按照现在的标准来对你的每一次选择进行分析和判断，可能会有滞后性或者容易做出误判。

所以，我们要专注自己的方向，懂得把视角放在未来，让思维跟上趋势，灵活运用既有的原则来进行假设。要坚信从未有过的哪怕一个微小的举动，都足以改变世界。

马克·扎克伯格就是一个很好的例子。

面对十亿的诱惑时，很难有人不动心。

扎克伯格就曾面临这样一个关于未来的选择，这同时也是Facebook（脸书，美国社交网站）的转折点。2006年，当时的互联网巨头雅虎开价十亿美元，希望全资收购Facebook。

对于这家刚刚创立两年的公司来说，这个条件不可谓不诱人。公司里的很多人，包括早期投资者和老员工都希望接受收购。扎克伯格并不这样认为，在他看来，Facebook更应该按照自己的节奏运作和发展。

当时，Facebook已经占领了校园，想通往更大的舞台。他们开发了很多新功能，并且找到了更大的意义：连接全世界。扎克伯格决定按照自己设想的样子去打造Facebook，拒绝了收购。他说："让人相信你的确很困难，因为很多早期投资者并不是和我们站在一边的。在他们看来，投资一家创业公司，过几年以十亿美元的价格转手卖掉,简直是一笔完美的买卖。"

现在,扎克伯格是世界上最年轻的亿万富豪,身价达到了千亿美元。这就是拥有未来视角,把思维放在趋势之上所带来的丰厚回报。

对于人生的大目标来说,知道不等于得到。就相当于你明明知道对未来的规划很重要,哪怕一时找不到答案,也还是要去思考,但是你偏不那么干,这其实还是在用原有的认知去指导实践,无所谓改变和成长。

而当你认识到这样做不好,坚定地与自己的惯性做斗争,开始在总结和归纳的基础上去追求知行合一的时候,其实就是在用更高的框架去指导自己的实践。

讲了那么多,接下来给大家再补充梳理一下,提供如下三条建议,希望你们能给自己设定人生大目标,并在不断校准这个目标的过程中,一直成长下去。

一、足够的内在动机

如果你想把事做好,那你最好有一个内在动机。动机不仅指纯粹的兴趣,也可以是功利性的目标。我们常说的"兴趣是最好的老师"就是这个意思。俗话说得好,强扭的瓜不甜,

04 把握关键：发现从"问题"到"行动"的有效路径

千金难买我愿意。

如果你找不到动机，你可以给自己设置一个截止日期。毕竟，截止日期才是第一生产力。

二、难度和能力要匹配

如果难度大于能力，我们会沮丧和焦虑，因为我们会觉得压力大；如果能力大于难度，我们会觉得无聊乏味，因为太没有挑战性。年轻人应该根据自己的实际能力来决定自己要做什么事情。这个事情应该对你来说不太难，又不太简单，刚刚好有那么一点儿挑战性，又具有实现的可能性。

在工作中，这意味着要设置合理的工作目标，即对自己来说不要太难，也不要太简单的目标。随着自己能力的提升，逐渐地把目标设置得更高，去迎接更大的挑战。

三、即时反馈

事情的结果符合预期的时候，人的大脑就会产生多巴胺。如果你的行为不能很快产生正面的结果，那么正反馈也很难被激活。即时反馈是十分重要的，它能促进你不断将一个大目标推进下去。所以，一定要把大目标拆解成小目标。

当一个年轻人在对自己的人生进行规划的时候，如果能够用上这三点办法，即使遇到了困难和挫折，也能很快调整自己，明确人生的方向。什么样的人生才是有意义的，你想过什么样的生活，这些问题并没有什么标准答案。但只要年轻人能在工作和生活中去思考、尝试，相信你不会辜负自己的人生。

05

**结果导向：
克服选择障碍，
面对纷繁复杂的选项时如何选择**

升级思维模式，才能找到更多、更合理的结果。

05 结果导向：克服选择障碍，面对纷繁复杂的选项时如何选择 ◇

第一节
破局思维：找到打游戏的感觉

一边摸鱼一边上班和专心致志地完成工作任务，到底哪个更累？

听起来如果我们摸鱼的话，就可以多得到一些休息的时间，上班也会更轻松。然而事实却并非如此。

谢菲尔德大学心理学家罗伯特·霍奇认为，我们体内有一个机制，能时刻发出信号指挥我们该干什么。发出这种信号需要耗费一定的能量。偷偷打游戏、刷抖音，是我们想做的事；完成当天的工作，是我们必须得做的事。

如果我们一会儿去做自己想做的事，一会儿去做必须得做的事，我们的心力就会不断耗费在两者之间的"拔河"上面。

我们工作时感到疲劳，就和这种心力的耗费有关。持续一整天聚精会神地工作，可能并不会觉得累，但时不时停下来摸鱼，每隔半小时看一次手表，很快人就会陷入一种疲劳的状态。

我在上大学的时候，就看到过网吧里面有几天几夜不睡、坚持打游戏的人。这些人的体力已经严重透支，自己却不会感到疲劳，就是因为他们的注意力被游戏牢牢抓住了。

这种高度集中注意力的状态，在心理学上就叫作心流。

适当的压力，有利于我们进入心流状态，找到工作的乐趣。打游戏的时候就是这样。即时类游戏，往往一不小心就会挂，逼得游戏者不得不全神贯注，把所有注意力都集中在游戏上面。但这种压力又和我们真正面对生命危险时的压力不一样，既不会过大，也不会过小；既不会让我们彻底放松，也不会因为压力而感到焦虑，一切都刚刚好。

这种体验会让你进入很爽的状态。不过，只有少数人曾经在工作中体会到这种爽的感觉。

游戏带给人的正面影响，正在越来越广泛地被应用到人们的工作学习之中。比如2018年，腾讯就开始在"功能游戏"这个领域布局，通过游戏来普及传统文化和科学知识。

还有一位微博二十二万粉丝的高中老师，为了帮考生应

05　结果导向：克服选择障碍，面对纷繁复杂的选项时如何选择　◇

对高考中只占三分的文史常识题，把考点融入了一款穿越游戏，通过游戏网站发布给自己的学生。这种做法就是为了把枯燥的任务化作游戏，更好地帮助每个人成长。

无论是个人还是集体，达到心流状态之后，就能进入一种高效的状态。当一个团队中的所有人，都把注意力集中在同一件事上，就会达到一种集体的心流状态。所以我们管理团队，应该管理团队整体的情绪波幅，每个人的情绪都能交融到一起的时候，合作的效果就会更好。

如何让所有员工在工作中发现乐趣，自觉主动地去完成工作，也是值得每个管理者思考的问题。让个人和个人之间，团队和团队之间，来一场小PK，就能营造出一种打游戏的感觉，让大家忘掉工作带来的焦虑感，产生一种良性的焦虑感，把压力变成一种正向的动力。

用打游戏的心态工作，还能让我们用好的心态去面对成败。在工作中难免会遇到小小的挫折，其实都没有什么大不了。就和打麻将一样，无非就是把牌推倒了再重来而已。

"心流"理论之父米哈里·希斯赞特米哈伊在采访一个篮球选手的时候，听他说过这样一番话："球场是唯一重要的东西……有时我在球场上会想起一些烦恼，像是跟女朋友的口角，但跟比赛相比，一点儿也不重要。你可能为一件事头疼了一整天，但只要比赛一开始，你压根儿就不记得这回事了。像我这么大的孩子经常心事重重，但打起球来，心里就只有打球，其他的自然都烟消云散。"

在心流的作用下，这位篮球选手忘记了胜负成败，沉浸在游戏般的乐趣中。

德川家康的家训中，有句话是这么说的："人的一生有如负重致远，不可急躁。以不自由为常事，则不觉不足。心生欲望之时，应回顾贫困之日。心怀宽恕，视怒如敌，则能无事长久。只知胜而不知败，必害其身。责人不如责己，不及胜于过之。"

这段话，可以说是面对任何事情，让我们保持心流状态的心法口诀。我每次遇到事情的时候就想，再差也比我当民工的时候强吧？这就是在自己起了得失心的时候，就拿自己的现状和自己最糟糕的时候进行比较，以此平复自己的胜负心。

所以说，一个人应该调节自己的心态，像打游戏一样去工作，当你觉得没有什么可失去的时候，你做事情的心态就容易变好。

当你把工作看作一种游戏的时候，注意力就会更集中，

05 结果导向：克服选择障碍，面对纷繁复杂的选项时如何选择 ◇

更专注于解决问题，而不是在挫败感中和自己内耗。就算是遭遇了失败，也可以相对轻松地走出自己的心理煎熬区，不让自己缩回舒适区自我麻醉，及时向外搜索，去主动寻找能够帮助你的人，以及问题的解决方案。

没有谁生下来就是游戏高手。很多游戏玩家，都是在一次次地被惨虐之后，才慢慢提升了自己的段位。抱着游戏的心态，会让我们更容易克服暂时失败带来的打击，找到打怪升级的乐趣，体验成长的爽感。

◇ 搜索力：帮你解决 90% 人生难题的思维能力

本节名词解释

功能游戏

　　这个概念是指以解决现实社会和行业问题为主要目的，同时具有跨界性、多元性和场景化三大特征，并在学习知识、激发创意、拓展教学、模拟管理、训练技能、调整行为、养成良好品质等方面具有明显作用的游戏品类。它在传统游戏重视娱乐性的基础上，更加强调游戏的功能性。

引自@读秀百科

05 结果导向：克服选择障碍，面对纷繁复杂的选项时如何选择 ◇

第二节
找到目标：让你脚踏实地的，是对未来的合理想象

白沙在工作中遇到了让她不开心的情况。她遇到了一个同事，经常在工作中偷懒，把事情都推给她做。每当领导发问的时候，这个同事还能说得挺得体。最后年终看业绩的时候，这个好像只会耍嘴皮子的同事不仅业绩好，还拿到了奖金，数量比她多很多。她非常非常生气，觉得自己的辛苦努力完全被领导无视了。

白沙的这种情况，其实就是没有找到真正的因果关系。

18世纪的英国哲学家休谟，曾经提出了一个了不起的观念，那就是相关性并不等于因果性。

比如你每隔十五分钟给一只鸽子喂食一次，而在某次喂食之前，鸽子恰好扑扇了翅膀。那么接下来，鸽子可能会习

得这种"规律",会拼命地扑扇翅膀,以求得更多的食物。事实上,它所获得的食物和扑扇翅膀之间,只有时间上的先后顺序,而没有因果性。鸽子的行为看似不可理喻,但实际上人类有时候也会犯同样的毛病。

人类是靠因果性来理解世界的。即使两件事之间没有因果联系,人类也会在大脑中给它脑补一个联系出来。

比如说当一个女人为曾经的离婚苦恼的时候,她看所有的男人,都会去鉴定这个人是不是所谓"坏男人"。布莱恩·利特尔在《我,我和我们》这本书中说过:"你的妹妹为什么一直因为离婚的事情苦恼?这是因为她在用一个简单的概念来看待每一个人,'值得信任'或者'像山姆那样会突然离开',这样做减少了她看待他人的自由度,使她无法重新开始新的生活,无法前进。"

当你觉得生活中的不幸,都是因为一个"坏男人"造成的时候,就是建立了一个虚假的因果联系,进而影响到了自己关于生活的认知模型。

真正的因果性有可能是隐藏起来的。因为原因和结果有可能不会在同一个时空中存在。那些你看起来毫不费力的人,有可能曾经非常努力,也有可能现在他正躲在你看不到的地

05　结果导向：克服选择障碍，面对纷繁复杂的选项时如何选择　◇

方偷偷努力。

如果我是白沙，那么我首先会诚心诚意地找她的这个同事请教，问问她：为什么你看起来比我轻松很多？你有什么窍门？也许她会诚心诚意地教你，也许她不会，但至少你努力尝试了。

别人看到你很有诚意地请教这些窍门，即使她不教你，也可能会有其他人指点你。如果你的模仿对象摆在你面前，你却不知道学习借鉴，就相当于放弃了一个绝佳的搜索引擎。

当然也说不定，世界真的很残酷，最后发现没有一个人愿意教你。那要怎么办呢？没关系，我们可以偷师呀！你可以慢慢和她建立私交，多和这个人在一起。看看她平时是怎么做的，自己揣摩之后再多模仿尝试。说不定在模仿的过程中，你也会有自己的心得，最后做得比她还要好。

在职场中是如此，创业也是如此。记得有一位哲人说过，成功的最好方法就是观察走在你前面的人，看看他为什么领先，学习他的做法。老话说得好，枪打出头鸟，冲在最前面的，反而有可能成为炮灰。美国的钢铁大王洛克菲勒曾经说过"打先锋的赚不到钱"。

做一个精明的模仿者，远好过做一个热血的创新者。等你模仿到了对方的精髓,再用自己能做到的微小创新,在新的适用场景中做到比他更好。这种获胜的方式,我觉得可以叫作基于反向学习的"精准制胜"。

"企鹅帝国"就是这么一步步建立起来的。其实,很多互联网巨头都是如此,都是模仿国外的创新者。一开始,腾讯就是模仿聊天软件ICQ起家的。然而,在ICQ众多的模仿者中,只有腾讯的QQ成了霸主。因为除了模仿之外,腾讯还是一个出色的改良者,它提供了大量本土化的创新和最好的用户体验。

微信之父张小龙就说过:"QQ成功了,而ICQ却死掉了;微信走红了,Kik(一款手机通信录社交软件)却至今默默无闻。对于一个应用性的社交工具,其核心价值是用户体验。微信的很多功能都在其他软件工具上出现过。比如'摇一摇'最早出现在Bump上,这个软件是让两个人碰一下手机来交换名片,在中国并没有人知道这个软件,而我们把它移植到微信中,第一个月的使用量就超过了一个亿;语音通话功能早在2004年前后就成熟了,但也是在微信上才被彻底引爆的。因此说,在某一场景下的用户体验是一款互联网产品能否成功的关键,而不是其他。"

05　结果导向：克服选择障碍，面对纷繁复杂的选项时如何选择　◇

从 QQ 到腾讯网、拍拍，再到腾讯微博、微信、各种游戏，这些年来，腾讯其实很少做一个开拓的创新者，更多的是做一名精明的跟随者，让别人去创新，然后迅速跟进，借助自己的体量和流量优势，实现弯道超车。这是腾讯的拿手本领。

还有就是，千万不要觉得有什么成功是简单的。你看别人做起来轻松简单的事情，有可能别人已经下了很多年的功夫。

《射雕英雄传》里面有个让人印象深刻的场景：沙通天这个小角色，看着欧阳锋与周伯通两个人抓到了灵智上人的要害，把他在空中掷来掷去，他觉得挺容易，一伸手也要去抓。但他的武功，比欧阳锋和周伯通那可是差了不止一星半点。这一抓，果然没有抓住，反倒被灵智上人打了。

以前我做出版的时候，我的老板沈浩波就拿着一本友商的书对我说：你看他这个产品做得很牛，为什么这么说呢？从他的用纸从细节就可以看出来，人家在用纸和用色的过程中肯定考虑过了不下几十种方案。看似非常简单的一张纸和一个用色的选择，一个真正的高手就能从中看出这么多的门道。

所以很多时候我们不能只是从表面去看问题，当你的积累也越来越深的时候，你也能看到更多的因果联系。

找到别人的努力和相应的成功之间的联系，是为了发现自己的短板，保持空杯心态，加速自己的成长。

　　为了顺利找到短板，你可以尝试将一项技能分解成不同模块的二级技能，然后通过对比和测验，就能知道自己需要努力提高的是哪一部分的技能。比如你的英语成绩不好，英语分为听、说、读、写四个二级技能，你可以通过分别测验，找到你的短板，然后通过学习来弥补。

　　古人有很多名言教育我们要保持谦虚。在我看来，很多时候谦虚不仅仅是个礼貌问题，还是个认知问题。仅仅看到别人在爆发的那一瞬间取得的成就，有些人就很容易心态失衡。找到事情背后的真正逻辑，看到别人付出的非凡代价与努力，对自己的成长可能更有好处。

第三节
通盘考虑：样本够多，结果够准

样本就是我们做观察和调研的时候抽取的一部分数据，它对于做决策具有很重要的作用。正是样本规模的改变，导致了决策思维的改变。找到足够多的检索结果，有可能会完全改变对事物的判断。

在17世纪人们在澳大利亚发现黑天鹅之前，所有人都认为世界上并不存在黑色的天鹅。但后来黑天鹅的发现，打破了人们的这一看法。黑天鹅的发现，再一次提醒人们：使用归纳法来认识这个世界，是有边界的。归纳法依赖于各种不同的样本，可你不可能指望一次性找齐所有样本，样本在时空中的分布有可能是不均匀的，因此用归纳法总结出来的规律可能存在一定偏差，有可能并不可靠。

在一些三四线城市，长辈们总是觉得自己已经成年的孩子应该找个"稳定"的工作。在他们的生活经验中，体制内的工作最稳定，最不容易失业，也最体面。这是他们用归纳法总结出来的一套逻辑，可能在过去的确行之有效。

但随着社会的发展，很多年轻人逐渐发现，在一二线城市，体制内的工作并不是最风光的，而且只要有能力，一个人就永远不会失业。长辈们的经验只适用于某时、某地，并不是亘古不变的规律。所以说，时间是一个最大的变量。随着时间的增加，样本的数量会逐渐增多，新的情况有可能会让已有的经验失效。

对已经存在的事物而言，我们要在一个足够大的规模上去考虑样本的数量。而对于尚未发生、未来即将存在的事物，对样本数量的考虑，则会影响我们做事时的心态。足够多的样本，意味着对足够大的概率的把握，可以说，只要一件事很可能会发生，那它就一定会发生。把这个法则运用到工作中，就是：凡事只要策略对了，坚持下去就一定会成功。

所以不要去在意暂时的失败。《思考，快与慢》中讲过一道测试题。如果一个硬币抛下来是正面的话，算你赢二百块钱；是反面的话呢，算你输一百块钱，输和赢的可能性都是50%。

05 结果导向：克服选择障碍，面对纷繁复杂的选项时如何选择 ◇

如果这个赌局只有一次，很多人都会选择赌一把，输一百块钱也无所谓。

但如果你告诉他们要赌一百次，很多人就会拒绝，觉得把一个赌局重复一百次，实在太疯狂了。万一一输再输怎么办？其实，和很多人想象的恰好相反，抛一百次之后，赢的可能性是趋近于百分之百的。第一次赢的概率是50%，第二次的时候就是75%，因为有四种可能性构成的三种情况：一是两次可能都是正面，那么你就赢了四百元；第二种情况就是一正一反，或一反一正你就赢了一百元；第三种情况是两次反面，输二百元。所以赢的概率是75%，只有25%的概率是输的。所以抛的次数越多，其实赢的概率越大。

这个赌局告诉我们，做事情不要过于注重一时一地一事的成败得失。

我们曾经想把一个产品作为独家卖给一个渠道，但当时这个渠道的负责人认为市面上已经存在这个产品的同类品，所以一开始不愿意和我们签合同。当时我认定这个产品的质量要高于市场竞品，而且也满足了受众的刚需，未来的预期销量一定不错。

几个月之后，果然这个产品开始大火。不仅在其他渠道这个产品卖得很好，那个曾经我们希望以独家形式合作的渠道，反过来找我们分销这个产品，结果也成了它们那里的爆款。如果我们因为受到了一开始那家渠道的拒绝，就放弃了这个产品，就会失去这一大笔利润。

对于我们的整个产品线来说，这个逻辑仍旧成立。坚持内容为王这个互联网下半场的基本价值逻辑，就可以让我们在具体的决策中不受困于一时得失，减少很多徘徊和纠结产生的麻烦。

也许我们开发的有些课程暂时没有被受众发现，但只要这个市场刚需存在，我们相信总体上来说，我们的产品逻辑是正确的，且优于市面上大多数课程，卖不卖只是个时间问题。也许这款产品不火，下一款产品就火了呢？

再说一个反面的例子。比如一个中层的管理者，他打算干一年就离职，所以他没必要去考虑企业的长远发展，于是带着大家一起急功近利地出成果，不顾企业的声誉，把产品卖给不需要的人，当时的短期业绩是很漂亮，可最后不仅得罪了顾客，还耗尽了整个团队的热情。到后面，人弄疲惫了不说，反而对个人的长期声誉、对企业的长期利益都有所影响。

因此，这个更坏的结果出现之前，事情表面上看确实是

05　结果导向：克服选择障碍，面对纷繁复杂的选项时如何选择　◇

变好了。

考虑未来发展的时候，一定要尽量把时间线中的样本考虑得全面一些。人的一生，并不是说你做了什么，就能马上得到什么。因为你要先付出，再去等待回报的到来。我觉得好的人生应该是抛物线，不断从一个波峰跃到另一个更高峰。你不从一座高峰走下去，怎么才能爬上另一座高峰呢？

前两年我从磨铁离开之前，我的老板跟我说要给我很多股份，现在这些股份已经价值上千万，我身边有的朋友就会问我：当年你离开磨铁岂不是丢了一大笔钱吗？难道不会觉得遗憾吗？

我就跟我的朋友说，我一点儿都不觉得遗憾。因为当一个确定性的东西摆在我面前的时候，我就能想象得到在未来五年的时间里，我的生活大致就是这样的了，我就失去了更多的选择，因为我被锁死在那里，我就不可能有更多的可能性。

你想要学会某个东西，道理也是如此。虽说你最好在有限的精力、有限的时间里面尽可能搜集全面的样本，不过人的生命有限，你实际上没有足够的时间去穷尽所有的样本，所以学习要学其神，不要只学其形。

张三丰教张无忌太极拳的时候，先是要他记住每一招、每一式，接着要他把这些招式全部忘掉，忘得越干净越好。

齐白石老先生曾经说过："学我者生，似我者死。"西方文学理论家哈罗德·布鲁姆曾经写过一本书叫《影响的焦虑》，这本书讲的是为了摆脱前辈文学创作者的影响，西方的作家进行了很多艰苦的探索和努力。

学习就是要透过现象看本质，努力去把握最基本的规律，才能比别人多看半步。人们永远会高估自己一年之内取得的成就，而会低估自己十年之后创造的可能。一个不被短期得失所蒙蔽的人，心态上更容易坚持，可以走得更远。

所以，不管是从人生的角度，还是从做事情的角度，如果你开始动手搜索了，就要在尽可能长的时间和尽可能大的空间里，搜集尽可能多的样本。否则的话，有可能会被调研带偏。

05　结果导向：克服选择障碍，面对纷繁复杂的选项时如何选择　◇

样本的信度和效度

信度和效度是评价测量工具的有效指标。信度(reliability)代表测量的可靠程度，反映测量结果的一致性和稳定性。效度(validity)反映测量工具能正确无误地测出潜在特质（或所需测量的变量）的程度，说明测量工具对所需测量的变量测量的准确程度。信度和效度同时具备才能确保测量的质量。

第四节
结果分析：只设一个自变量，轻松找到最优解

在这个大数据的时代，大家都知道数据里面蕴藏着丰富的信息。信息，是这个时代最宝贵的资源。那么如何才能从数据中解读出有用的信息呢？本文就以内容行业的数据为例，给大家提供一些参考，希望能对你们有所帮助。

比如最近当当排行榜的新书总榜上有本新书，叫《埃及四千年》。有的新编辑就非常不解，跑来问我说，一般销量能上总榜的，要么是经典文学，要么是励志，要么是童书，凭什么一本历史书能上总榜呢？

但如果你是一个老编辑，常年看数据，就会记起还有一本类似的销量很好的书，叫《耶路撒冷三千年》。这两本书不仅在命名上、包装风格上有类似之处，而且内容方面都写的

05 结果导向：克服选择障碍，面对纷繁复杂的选项时如何选择 ◇

是神秘的古老文明的历史。那么这就说明，读者对这类内容一直都存在一定的阅读需求。

这种观察相对来说还比较简单，是把过去到现在已发生的具体数据与信息加以抽象，得出一个结论。而有的时候我们利用数据，是想寻求一个解决问题的方案。这种情况下，我们整体比对完之后还是要运用"拆解术"，把一款产品加以拆分，分解到一个最小的单元，在这个不能再分的最小单元的层面，再和其他竞品进行相互比较，最后得出自己的结论。

比如我们做一款线上的内容产品，在研究用户行为反馈的时候，会产生点击量、点赞量、添加量等数据参数，而这些数据，可能与标题、内容的收获感、转化引导话术等几方面有关。当某个环节出现问题，购买量出现下滑的时候，如果你只是粗略地看整体感觉，不进行模块化拆解的具体分析，有可能你一时是发现不了问题的。

我们公司是一家做内容价值链串联与整合的内容公司，我们坚持的宗旨一直是让优质内容价值最大化，成就有影响力的人，让迷茫的人不迷茫，让优秀的人更优秀。在具体的业务上，我们围绕个人成长有关的内容做全媒体维度的开发，以全方位满足各类专家、老师的需要，同时多维度、有层次地满足用户的学习需要。

所以,从商业模式的角度来讲就可以画出一个由浅入深的、满足用户需求的漏斗表,从免费节目、出版,到付费产品,再到训练营产品,最后到职业教育培训与咨询会产生好几个不同层次的数据转化参数。如果整体数据有异常波动,你要想知道究竟是哪个参数对整体数据起到了决定作用,不拆解来看,可能真的判断不出来。

在这种情况下,如果你还调整了所有的参数,改变了标题,改变了内容的风格,还改变了转化引导的方式,甚至有可能价格还调整了,那么如果数据出现了变化,你可就真的无法确定是哪个因素在起作用了。

所以,通常情况下我们会采取小步微调的方式不断优化整体的体验,尽量一次只改变一两个参数,其他的参数维持不变,接着观察一段时期,看看到底这个参数是不是能对数据的变化产生一定作用。

比如说我们的职业精英研修班这个产品,过去一直都是以九百九十九元的亏本价在卖。随着产品逐步打磨成熟,我们希望找到一个合适的价格与招生规模比,以使得产品能走向盈利。后来我们逐步把课程的价格提到了三千元,这个课

05 结果导向：克服选择障碍，面对纷繁复杂的选项时如何选择

程的销量不仅没有下跌，反而还上升了。但我们把课程价格提到四千元的时候，这个课程的销量就开始下滑。这期间，所有其他参数都是没有变化的。

这个时候，大家就明白了，是价格在对这个课程的销量起作用，三到四千的价格区间是目标用户在当前阶段可以接受的合理区间。

所以说，我们在看数据的时候，不要惯性地去看单一且表层的因果关系，而是要尽可能全面地看事物之间的相关性。喜欢在两件事之间寻找因果联系，这是人类的天性；而把一种现象归因于唯一的原因，更是人类天性中的弱点。很多人总喜欢给自己的人生难题，找到一个一劳永逸的解决方式，就是这种弱点在作祟。

还是拿当当的新书榜作为例子。比如最近有本书叫《人生海海》。前段时间，当当的新书榜是比较稳定的，我们公司的《简单，应对复杂世界的利器》排第一。但后来突然就冲上来一批新书，都是我们不熟悉的，这本《人生海海》也在其中。

一本书能冲上新书榜，可能是由多种因素决定的，比如我从我的朋友圈里知道，最近当当在搞活动；我还知道，这

◇ **搜索力**：帮你解决 90% 人生难题的思维能力

本书的作者麦家和演员白百何一起在做线下签售。我天天都看排行榜，过了一段时间，其他书都已经不在榜上了，但是我们的《简单，应对复杂世界的利器》还在榜首，《人生海海》虽然在榜排名不再那么靠前，毕竟还是在榜的。

于是，这个产品就具备了我们进一步去研究它的畅销价值的理由。我们会从整体出发再拆解到具体的要素，从选题的特质，包装策划的优势，内容的价值性与传播性等维度去逐一分析。越分析，我们对市场的把握也就会越专业。

现在，我们的课程加入了与图书的互动转化模块之后，数据的复杂程度就更高了。其他出版公司或者教育培训公司，或者专门做知识付费的MCN（Multi-Channel Network，是一种多频道网络的产品形态，在资本的有力支持下，保障内容的持续输出，从而最终实现商业的稳定变现）公司，相当于只有一个兵种。而我们是海陆空三个兵种作战，全方位高维度地去打内容市场。

那么，在给一位老师包装策划的时候，我们就会去思考：是给他先出书好，还是给他先做课好？还有，从产品的生命周期的角度来看，有了图书版块之后，一个线上产品的生命周期就有可能变得很长，那么，在这种条件下如何解读各类

05　结果导向：克服选择障碍，面对纷繁复杂的选项时如何选择

数据，对我们来说也是一种新的挑战。

最后，还是要提醒大家，搜集数据信息也是需要成本的。指标维度越单一，数量要求越小，数据的准确性相对越精准，得出来的结论就更可靠，但每个数据的收集成本就有可能越大。我们最终追求的是以最高的效率达到可靠结论，所以如果能做到精确，当然可以，但最重要的是要权衡这样做的成本和收益。

对于大部分人来说，在互联网上找到未经处理的数据，并不是很困难，但是想要在数据里发现价值和资源，就需要不断磨炼自己的能力了。多留意数据要素之间的相关性而非单一、表层的因果性，在长期观察数据的基础上，对数据进行抽象思考，就能从数据中发现巨大的信息价值。

第五节
删繁就简：简单，应对复杂世界的利器

有时候，我们搜索到的结果可能是纷繁复杂的。那么，从众多的搜索结果中挑出那个最令人满意的结果，就是一种智慧了。

也许会有人说，我们要从这些结果中挑出一个最正确的，对自己最有利的。但我觉得，这都是暂时的。当一个人面对一大堆搜索结果的时候，能找到一个最基本的，并且能把这些基本的东西贯彻下去，可能问题就解决了一大半。

曾经有个本科的孩子要给自己未来的研究选定一个方向。他的老师告诫他说："别再研究物理了，这个专业里面的所有问题，都已经被人研究过了。"这个孩子很喜欢物理，他考虑了一下说："不，我还是要学物理。如果所有高端的问题都被

05　结果导向：克服选择障碍，面对纷繁复杂的选项时如何选择　◇

人研究过了，那我学学基础的东西就可以了。"后来，他在学习基础物理的过程中，提出了量子理论。他就是量子力学之父，马克斯·普朗克。

任何一个领域，基础的东西都是最基本的，同时也是最有效的。这些简单的、基本的东西之所以被人一代代传承下去，就是因为这些才是核心。

我在工作的过程中发现，有些编辑看完作者的稿子之后，觉得可以修改的地方很多，于是就一条条地给作者提出来，而且还旁征博引，给出很多佐证。编辑自己觉得写得很充分，可是把这些修改意见发给作者之后，作者却把稿子越改越差。稿子变差了之后，编辑就提更多的修改意见，再改一版。改来改去，到最后还不如第一版。最后编辑无奈地说，还是用第一版吧！这种现象，在有甲方、乙方的工作关系中经常存在，在网上可以看到很多吐槽。

这是为什么呢？这不是因为编辑提的意见不到位，而是因为太到位、太细致了，造成了作者在接受意见的时候找不到重点。比如一位老师走上讲台，就开始大发雷霆，说学生最近成绩、纪律以及体育锻炼方面都表现得很差劲，那么全班接受完这番批评之后，就还是有可能不知道该怎样改进。

相反，如果这位老师简单告诉大家，自己生气的原因是因为全班期末考试考砸了，那么全班都能很容易抓住老师想表达的主要观点，也立刻知道自己该怎样改进。

所以我自己做编辑的时候，一直都坚持一个理念，"少就是多"。具体来说，就是传达给作者的信息，要尽可能简单；作者交来的稿件，能不改动的，就尽量不改动。这也是符合很多人所喜欢引用的"奥卡姆剃刀原理"，它讲究的正是"如无必要，勿增实体"。

当一些新编辑根据我的建议，这样去做的时候，他们发现：如果你想要给作者提一条简单的要求，反而要想得更多。因为你要把所有可能提出的建议都找到，然后把那些无关紧要的都去掉，只留下一条最根本的。这其实是一种从系统再到细节的思维方式，"先做多，再做少"。不论你做策划、做文案、做创意，都需要有这样一个过程。

如果你在一个项目开始的初期，就因为考虑得不够充分，没有经过思考和调查，凭直觉写了一个方案，那么在执行的过程中，当合作方问到你某个问题的时候，你可能就会手忙脚乱，有些资料需要现查，最后一次性能解决的事情，有可能反复做上好几遍才能解决。所以，那些看起来很难的事情，

05　结果导向：克服选择障碍，面对纷繁复杂的选项时如何选择　◇

可能很简单；而那些看起来很简单的事情，有可能反而很难。

你在看到一些简单的东西的时候，要问问自己是否需要保持敬畏心理。因为很多看起来简单的东西，其实是经过千百万次尝试后得出的事物背后的底层规律。瑞士设计师Adrian Frutiger（阿德里安·弗鲁提格）在1957年为法国戴高乐机场导视系统设计了一款字体，后来经过九年的修改和打磨，这款字体名为Frutiger的字体才开始公开发售。到现在为止，它已经形成了一个家族，包含Light、Roman等我们熟知的字体。一个字体看似非常平常，就是一些黑色的线条，但是设计起来如此不易，就是因为在反复的打磨中，设计师也在苦苦寻找关于美的底层规律。

想要达到这种大道至简的境界，就要刻意练习。这其实是从"熟练"到"生巧"的转换方法，对于一个人的提升来说非常重要。心理学专家发现，不少成功人士，都是用"刻意练习"的方法来完善自己。他们把精力放在"次级技能"——也就是暂时不那么熟练的技能上，对其进行学习，然后通过学习、反馈、调整以及专业的指导来获得提升。通过这种练习，他们的技能获得了脱胎换骨的进步。

就拿打字来说。我们每个人都花了不少时间在打字上，但速度并没有越来越快,如果我们每天花十到二十分钟,聚精会神地打字,进行有针对性的训练,就可以让你的打字速度比平常快十到二十。坚持练习一段时间,尤其是进行一些容易失误的针对性训练后,我们就能越来越快。这就是刻意练习的意义。补齐我们的短板,让技能均衡,从而继续往上盖楼,迈入新的高度。

需要注意的是,并不是所有的练习都是有效的,没找准方向,就只是在浪费时间。比如你用吉他弹一首曲子时,某个小节老是弹不好,你只要单独练习这个小节就可以了,无须重复练习整首曲子。

我们去了解搜索力这项技能,让自己有能力获得更多的信息,并不是要空守一堆无用的答案,而是要在得到答案的时候经过揣摩,留下那些最有用的,再加以反复训练。

05 结果导向：克服选择障碍，面对纷繁复杂的选项时如何选择

第六节
思考也有性价比：答案太多，就等于没有答案

有一位同学，目前高中毕业，希望找到一份将来能在家带小孩的工作。她也有一定的行动力，第一份工作是去学做化妆师，后来因为觉得自己不够漂亮，不合适，就辞职了。第二份工作是学了办公自动化后在亲戚的公司里面当小文员，因为性格不够圆滑，不会奉承别人，又辞职了。接着她又马不停蹄地找了第三份工作，就是去做销售。对比同岗位的大学生，她觉得有点自卑，感觉自己能力不够，还是辞职了。接下来，她考虑了数据分析、考电大提升自己、美容、园艺等各类工作，但自己也不知道选择哪个工作比较好，最后陷入了迷茫。

我们讲搜索力这个话题，其实搜索力最核心东西是目标，

一个人最怕的就是没有目标。就我自己而言，我自认为是一个目标感非常强的人，我在每个人生阶段都有自己的目标，会朝着每个当下的目标义无反顾地前进。

有目标的人照样会走弯路，但没有目标的话，即使自己走了弯路也不知道。走弯路没关系，就怕你因为害怕走弯路，结果一直在畏畏缩缩，待在原地，连弯路都没走过。只要你有明确的目标，两点之间直线虽然最短，但曲线可能会让你走得更快。

哪怕目标是错的都没有关系，不要害怕，至少你在这个阶段是有目的、有方向地去做事的，而你在这个阶段的积累，说不定在下个人生阶段就能用上。

现在大家在超市收银台结账的时候，可以看见货架上放着一排排箭牌口香糖。但很少有人知道，箭牌这家公司，一开始根本不是卖口香糖的。这家公司最初是卖肥皂的，打包销售的时候会附赠一袋面粉。后来大家发现，这袋面粉做得太好了，比肥皂还要受欢迎，所以箭牌公司干脆卖起了面粉。这次，箭牌公司仍旧给大家发放赠品，赠送的物品是口香糖。结果这次又是无心插柳，很多人都是冲着口香糖来买面粉的，于是箭牌又转移了主营方向，卖起了口香糖。

05 结果导向：克服选择障碍，面对纷繁复杂的选项时如何选择 ◇

箭牌公司的这种转变，看起来跨度很大，但实际上无论是口香糖、肥皂还是面粉，都是普通人可以用得上的日用品；商品虽然变了，但箭牌公司原先的销售渠道和管理方式，都可以保持原样。所以虽然箭牌的商品一变再变，箭牌却能在自己原有的基础上继续经营，不断发展。箭牌每一次重新找到目标，都专注于当下，结果越做越好。

对于一个人的发展来说，其实道理也是一样。

在大学的时候，我一直想做一个房地产大亨。我认识了一位商学院的师兄，在他的帮助下买了商学院本科的所有教材，通过每天去图书馆自学来完成全部学习。毕业之后，我想进入房地产行业的时候却遇到了困难，去参加万科校招没被录取，去长沙的融科置地面试没通过。

可能是因为我大学学的是编辑出版这个专业，专业不对口，也可能是因为我长得不够高大帅气，后来我不得不找专业对口的单位去实习。

我不想去当时的环境下显得不那么市场化的出版社，所以就来了北京，跟了一个民营书商做出版。那时候，我把当时带我入行的老板叫"头儿"。当时"头儿"看我老想着做房地产，不喜欢做眼前的工作，就跟我说了一番话，可谓是一记当头棒喝。

他说：你不要觉得你做房地产就会喜欢，我告诉你，无论做什么，一个人只要在一件事情上做出价值感，创造了价值，你的价值被别人看到，然后你自己能感受到这种价值，你就会喜欢这份工作。

后来，沈浩波沈总就成了我的一个榜样。我觉得他挺牛的。后来我在磨铁做中心总经理之后，另外的那几个中心总经理谁做得好，我就去学他们。我们团队里面的几个年轻人，有做得不错的地方，我也向他们学习。

我想给年轻人的建议是：你学习的那些榜样里面，既要有一个远大的目标可以去追随，也要有眼前的目标可以去挑战。

我现在创业做公司，仍旧会去向我的同行学习。比如我的好友闫鹏，他是"时间知道"的创始人，之前在优酷做了很多年视频节目。虽然他是我哥们儿，但有很多地方我都把他当作老师去学习。"十点读书"的新媒体也做得不错，我们也会向它学习。我们这些同行一边相互交流，也一边相互学习。

我经常会看一些行业里面的访谈、故事，看看别人是怎么做的。这个行业里面只要做得好的公司，我都会去研究一下。

05　结果导向：克服选择障碍，面对纷繁复杂的选项时如何选择　◇

如果你不去找找看，行业里面谁做得真正的好，就会陷入盲目自我肯定的状态，对自己很满意。

所有的事情都是这样，跟你做什么工作没关系。你就算做房地产，你天天卖不出去一套房子，你还会喜欢这份工作吗？因为商业的本质是创造价值，只要你创造价值，就能获得成就感，用什么方式并不重要。

无论你做出版还是做房地产都一样，最重要的是你能够在其中创造价值。所有的东西都是殊途同归的，所以你做什么没有区别，只不过是一时的喜好，选择了不同的起点开始而已。

我想说一个观点：我们与世界之间，应该是一种共赢的关系。这种共赢可能不是在一时一地实现的，而是存在于每时每刻的发展过程中。

如果你用单点思维去看问题，会觉得自己输了很多次，但从长线的角度来说，只要你能找到自己的发展方向，那么你的每一次尝试，都有它的意义，它的价值，这些都是你的财富。

我不觉得每个人的发展轨迹都要像我一样曲折。每个人都应该找到最好的自己，活出自己的人生。直到今天，我还在观察房地产这个行业。这种观察会让我看到这个行业背后更本质的东西。

比如怎么去定位自己的公司和产品。你看潘石屹,他提倡的是一种生活方式,所以他会用一些比较厉害的国外设计师来做建筑设计,又很注意营销。万科的房子每平方米永远可以比别人贵那么一两千块钱,他们做出了自己的品牌,注重用户的体验,别人也愿意多付这些钱。

万通是一家很牛的公司,老板是冯仑,创立SOHO的潘石屹和阳光100的创始人易小迪等很多大咖都是从这家公司出来的,可以说这家公司是当年房地产行业的黄埔军校。我就想做一家公司,希望未来能够培养出来很多人才,让合生载物也成为整个大内容行业的黄埔军校。

我一直觉得内容行业市场规范化的程度还不够,我就希望把这个行业变得更加职业化和专业化,让中国的内容文化产品和内容文化人才可以影响世界。回首现在工作的这十多年,我的很多老下属、老同事,都在行业里面做得很好,我辈只得更努力,莫辜负好年华。

不过,也有一些原则,在人生的每个发展阶段都是通用的。比如一个人如果想要做得好,一定要去跟那些最优秀的人去

05 结果导向：克服选择障碍，面对纷繁复杂的选项时如何选择 ◇

学。把最优秀的人当作自己的榜样，取法乎上，至少能得乎其中。

如果你模仿学习的对象是华为和任正非，你只要能学到他们十分之一，甚至百分之一的功力，也已经很不错了；但如果你模仿借鉴的对象是你同一个办公室里的同事，可能他也就比你强那么一点点，即使你达到并超越了他的水平，也就是比他强一点点而已。我们要把自己的眼光放在整个行业，去向整个行业最优秀的人学习。

那些更牛的人，在人生的每个阶段都能实现自己理想中的目标。比如我们合作过的张德芬老师，是一位非常有名的畅销书作家，也有自己的公司。在毕业之前，她觉得自己想成为一名很牛的主播，所以她就朝这个方向去努力。但后来她成了著名主播之后，她发现这个工作不是她想要的，因为虽然这份工作能让她和很多精英人士打交道，但是却让她没了隐私。那要怎么办呢？于是她又开始奔赴自己的另外一个人生目标，希望成为一个有自己生活情趣的家庭主妇。然后她又朝这个方向去努力，有了爱她的老公，自己爱的孩子，住大房子、开好车，家里也有保姆照料。这样的生活过了一段时间，她觉得太轻松了，很无趣，开始羡慕那些女强人高管，所以她又朝着这种方向去努力，最后成了IBM（国际商业机器公司）新加坡分公司的总监。再后来，她因为身体原因，不得不离开当时的工作岗位，回到北京的郊区写书。你会发现，她的人生一直都是在动态的平衡中去追求自己喜欢的东西。

记得多年以前，我初识她的时候，问过她一个问题。我说："您重新再来一遍，还会选择现在的人生吗？"她的回答是："会！"因为人生本是过程，每一个追求的结果都成了人生过程的一部分。

每个人都有自己的阶段性目标，不用特地去和别人攀比。比如现在这个阶段，我把公司的每一个同事当作自己的产品，希望看到团队里的每一个人都能变得更好。我觉得人和人之间就是这样。我对你好，我帮你做了这件事，我不图马上就得到回报，这是一种情感的投入，也许他未来不会回报你，但也许他未来会回报你更多。

我就抱着一种纯粹的、向善的心态，即使这个人没有回报我，相信也会有别的懂得珍惜我的好的人回报我，甚至不求回报地给予我。因为这世界，相同气场和价值观的人往往总会以一种奇妙的方式相连接，就如我与认可我的、作为读者的你一样。

05　结果导向：克服选择障碍，面对纷繁复杂的选项时如何选择　◇

任正非、马云这样的企业家，现在可能关心的就是国家的利益，像比尔·盖茨这样的企业家，则花了很多精力去为这个世界做慈善。这也是他们的人生阶段所决定的。

回到我们每个人身上来，一个人的人生很漫长，也许你会觉得自己目标太多，每次定下的目标也都实现不了，自己很有挫败感。

那么这种情况下，我就会建议你：不纠结和拘泥于变化，不断地在每一段时间里专注于一个最关键的小目标。也许你定下的这个目标，过了一段时间回头再看，自己也觉得不是那么向往了，又或者根本实现不了。但找到自己的阶段目标，是一件好事，它能给你提供更多的动力和方向感，让你不会止步不前。也许最后你抛弃了这个目标，转向其他方向了，但你在这个阶段培养的好习惯、学会的技能、养成的思维模式，都会成为你一生的助力。

06

**系统思考:
建立高框架人生,
在限制中发现更多可能性**

用搜索到的结果指导人生,解决难题。

06 系统思考：建立高框架人生，在限制中发现更多可能性

第一节
多维度价值：找个副业，逃离死工资

很多年轻人问这个问题：看到同事有个外快来源，我觉得很羡慕。我也想做兼职，但是找不到途径。怎么样才能不只拿那点死工资？

首先，我其实不大主张年轻人去做副业。年轻的时候，最重要的还是要把主业做好。你的投入足够多的话，做得好的可能性就更大。大家都知道一万小时定律吧？我曾经面试过一个女孩，这个女孩很年轻，没有太多的工作经验，但我还是被她那种年轻的锐气打动了一下。

后来，我和这个女孩聊得很开心，她说：刘sir，我将来要好好努力，不仅要超过行业里的其他大佬，我还要超过你！我问：你加班吗？她斩钉截铁地说：不加！因为我还有想干

的副业。

我对她说，有一位出版行业的老前辈，已经功成名就了，现在还每天加班加地研究主业，你觉得你能加速度超越他的话，会比他强在哪里呢？

我自己不算聪明，但应该也不算笨，我也会花很长时间学习。聪明人的确在最初进入这个行业的一两年的时间里，会在认知上领先一点儿。但如果你在这个行业里面拼十年，大家的认知都跟上来了，这时候你靠的就是努力了。你不投入时间，怎么才能比得过别人？如果你把时间都花在和本职工作无关的副业上，最后有可能是主业和副业都没干好，同时丢掉芝麻和西瓜。

如果你因为某些特殊原因，非要做个兼职，那么我建议你可以做一些和本职工作有关的工作。假设我本来就是一个老师，每天就是教书育人，那我就会在闲暇时间，在外面也去带一些学生，那么我在潜移默化中也就提高了自己的业务能力和教学水平。这样的兼职，我觉得是值得鼓励的。

那些跨行业的兼职，适用于一些稳定性比较强的行业。比如你在大公司，做一个偏稳定的岗位，或者做一些行政类的工作，自己没事写点东西，在网上发表，这样是没问题的。

06 系统思考：建立高框架人生，在限制中发现更多可能性 ◇

那些真正能为你带来收入，并且你还能长期坚持的兼职，往往是你的爱好所在。我们常常听到一个人说"我的爱好是读书"，或者"我的爱好是旅游"。仅仅是喜欢把闲暇时光用在这件事上，在我看来这还不算是真正的爱好，顶多算是兴趣。

一个人真正爱好某件事，会有强大的动力去深研究出一些独到的东西，且在相应的领域能够做输出与分享。比如说你喜欢画画，那你关于画画是不是能和人说出个一二三，你画的这些画能不能卖掉，等等。

当然，人也可以有一些跟工作没有关系的兴趣，这就是生活的一部分。比如说你的工作之外，你想去做一个调酒师。摆弄那些五颜六色的酒，你能感到彻底放松，这也很不错。再说在深层次上，对生活本身的关注，能给你带来一些做创造性工作的灵感。

比如说乔布斯是产品设计领域公认的创意大师，但很少有人知道，像他这样的男人会关注厨具。有一次，乔布斯在逛梅西百货的时候看到一套 Cuisinart（美膳雅）的厨具，他觉得很漂亮。于是他萌生了据此修改苹果电脑外形的念头。用乔布斯的话说："伟大的艺术品不必追随潮流，它们自身就可以引领潮流。"

在拥有自己能彻底放松的兴趣之外,还是要注意自己能力的核心价值是什么。我自己在工作之余,会去打台球。可能有一天,我的台球打得非常好,我也去做兼职,去教别人打台球。但我很清楚,这只是我生活的一部分,不是我安身立命的核心能力,也不会成为我重要的一个收入来源。

而在收入方面的质的提高,还是要靠核心能力的提升;你个人的核心能力越来越强,意味着你可能创造的价值会越来越大。

那么,人要怎么样才能充分地了解自己的核心能力呢?

首先,认识到自己的优势和局限。我们每个人在找工作的时候,都要考虑到自己的身份标签,这个标签既是你的优势,也是你的局限。就拿我来说吧,我学的是编辑出版专业,这个专业的标签感很强,很难找到其他行业的工作。我那个时候特别想做房地产行业的工作,可是却没有合适的敲门砖。

当时我如果一定要找一份跨行业的工作,可能就要从别的维度来证明自己的能力,或者是付出比别人更多的努力。所以说,在找工作的时候,明白自己的优势和局限很重要。

其次,不要过于看重工作经验。在刚刚踏入社会的时候,有些年轻人可能会羡慕那些工作经验比较丰富的资深员工。

06 系统思考：建立高框架人生，在限制中发现更多可能性 ◇

当然，工作经验丰富的人求职会比较顺利，但他也有自己的局限。在你什么都不是的时候，摆在你面前的是无限的可能。越是经验丰富，你选择的余地反而就越小。

所谓的工作经验，其实也是一种沉没成本。如果你已经在一个行业里面做了十年，你愿意放弃现有的薪资待遇、经验积累，从头再来吗？也许有些人愿意，但更多的人可能是不愿意的。对自己的优势和局限，大家要有一个客观的认识，用不着妄自菲薄。

最后，对自我的探寻，是不可能一蹴而就的。我们每个人的成长，都是不断自我突破的过程，也是不断重新认识新的自我的过程。一个人永远不可能完全彻底地认清自己。世界在不断变化，人也要跟着不断变化。打败康师傅的不是另一个康师傅，而是美团、饿了么这样的送餐平台。

我们探寻自我，不仅是为了更好地了解自己，还是为了更好地适应这个世界。布里奇沃特投资公司总裁雷伊·达里奥（Ray Dalio）说：如果你不觉得去年的自己是个蠢货，说明你今年一年都没有成长。所以当你感觉过去的自我认知已经失效了，这反而是一件好事。

换句话说，在职场上，想给自己升值，第一步应该是先塑造自己的核心价值。最好不要为了逃离死工资,而去做兼职。如果非要做一些副业,目的也不是为了单纯地赚钱,最好和主业有一定关系。

第二节
找到你的价值：究竟是什么在决定你的价格？

有一句话说，一个人与其有钱，不如让自己变得值钱。这句话有一定的道理。因为钱是身外之物，有失去的可能，但值钱的人，无论环境怎么变换，总是有赚到更多钱的可能。

那么，怎么让自己变得值钱呢？

先来看看营销大师艾·里斯在《定位》一书中举的几个例子：

"安飞士在租车行业只是第二位，为什么还租我们的车？因为我们工作更努力！"

"霍尼韦尔，另一家电脑公司。"

"七喜，非可乐。"

有句俗话说，你知道世界第一高峰是珠穆朗玛峰，但世

◇ 搜索力：帮你解决 90% 人生难题的思维能力

界第二高峰你却不知道。同理，辨识度更高的，自然是那个排名第一的品牌，而不是第二、第三。但通过合理的定位，七喜和霍尼韦尔这些自居第二的品牌，都已经为大家所熟知，而安飞士租车也在一百九十多个国家和地区拥有了超过五千家门店。

在国内也有类似的例子。在双十一活动还是淘宝一家独大的时候，京东就一直在坚持不懈地叫板淘宝。后来京东的销售额果然远远超出除了淘宝之外的其他线上电商，成为整个市场中的第二名。

职场中也是这样。根据自己的各方面条件，给自己一个合理的职场定位，比较容易打造自己专属的职业标签，以后的路也会越走越顺。

就好像，同道大叔等于"星座达人"，陈光标是"个人首善"，罗振宇等同于"罗辑思维"。Aiyawawa 一开始没有什么名气，但她坚持用"比我漂亮的都没我聪明，比我聪明的都没我漂亮"的标签行走江湖，久而久之，人们就记住了她。

说白了，搜索力也是一种能被别人迅速找到、迅速发现的能力。有了这种能力，你当然就可以更有效率地对接各种资源。

06　系统思考：建立高框架人生，在限制中发现更多可能性 ◇

过去，信息的传播成本比较高，只要你在一个很大的平台，其他人可能就会因为平台产生的光晕效应去选择你。

但是，现在这个社会已经走向互联网时代，各类搜索引擎、分类信息、大数据网站的存在，其核心目的就是要消除信息不对称。在过去，可能专业的信息和数据都掌握在少数人手里，现在所有的人都是平等的。你和我都是互联网上的一个连接节点，都有同等的概率去连接资源。

在这种情况下，一个人的核心价值在哪里？就在于他是否能更加有效地去连接资源。一个人连接资源的能力，决定了他的价值。

展开讲，这包括三个维度。第一是看一个人连接的资源是不是足够多，第二就是看他连接的资源是否足够优质，第三是看他连接资源的方式是不是足够高效。

也就是出于这样的原因，在互联网时代，你一定要打造自己的个人品牌。说白了，你的标签感越清晰，优势越明确，对接资源的效率就越高。

想要打造你自己的标签感，就要在一个点上不停地深挖，这样才能更精准地连接资源。

比如说我找财经作者，有些时候会借助财经记者的帮助。

大家愿意帮我,是因为我在这个领域已经深挖了很长时间,大家知道我是做产品策划的,我在他们心中已经有了一定的标签感,所以我在和他们的交往中就很容易建立起信任关系。

很多时候,你的搜索能力,也就约等于你个人的品牌价值。我记得之前和飞亚达的徐东升徐总沟通的时候,他讲到一个观点:一个人的机体组织里面,90%的机体组织都是向内用来内部协调的,只有10%的机体组织是向外用于外部条件反射的。

这个观点说明了一个什么问题呢?就是说,我们提升自己的搜索力,并非要去不停地找关系、混圈子。一家公司想要塑造自己的品牌,光花力气在外部营销上,肯定是要垮的。对于一个人来说也是一样。

那些很牛的人,看上去他们好像每天都很风光地站在聚光灯下,但实际上我们看到的只是那向外的10%而已,而他们剩下90%的精力,都是花在自己的团队建设上,花在自己的公司管理上,花在自我的精进上。

我觉得大部分厉害的人都是这样。像我的前老板沈浩波沈总、投资的公司中有六家上市的谭文清谭总等,他们并没有花很多的时间在应酬上。我虽然不是什么牛人,但我也一

06 系统思考：建立高框架人生，在限制中发现更多可能性 ◇

直是这样。

很多人感觉我在这个圈子里认识很多人，好像天天在混圈子，但了解我的人都知道，我90%的时间不是待在办公室里跟内部团队交流，就是待在家里面改稿子。其实我是一个非常不善于，也不喜欢社交的人。我不会喝酒，基本上不去参加圈内的活动，但是，我却依旧可以跟很多的作者合作。

我在内容行业那么多年，接触过很多厉害的人，比如潘石屹、曹德旺、李开复、乐嘉，还有思科中国区的前总裁林正刚老师等；我之前做黑天鹅图书品牌的时候，像张朝阳、黄怒波、任志强、周鸿祎等也都参加过我们品牌组织的活动；陈志武老师、时寒冰老师，还有宋鸿兵老师等一系列商业财经作家都曾经和我们的团队合作出版过作品。但其实我跟他们的交流并不多，跟他们也不一定很熟。

身边经常会有人跟我说，既然你认识这么多很厉害的人，那你为什么不跟他们多打打交道呢？然后我就反问他们，当你本身的能量没有到那个程度的时候，就算跟再牛的人搞好关系，他们又能给你什么样的好处呢？

所以我说资源是个伪命题，因为只有当你具备了相应的能量和气场，可以用得上所谓资源的时候，那才叫资源。你用不上的东西，其实算不上资源。即便有那么一两次别人帮你，也很难持续。

我在面试的时候经常会遇到一些人，他们在行业里干了几年，认识了一些作者，就说自己人际关系资源很丰富。这种时候我就会告诉他们说："我要你忘掉你所有的资源。"

为什么？因为如果我们要做到投入和产出的最大化，就需要找到最好的、最合适的资源，而如果你只盯着自己手里的资源，那你在产品开发方面，在开拓作者方面，很可能就无法有所突破，你会被你的资源所束缚住。

当然也会有人说，我什么资源都没有怎么办？我觉得没关系，没有资源，反而更好。因为正是因为你还没有开始，那么你会更注重拓展资源的方法，你做任何一个领域的资源开发都有很大的空间，正所谓"无所有即无所执"。

不论你做什么，都要打造好自己的标签，经营好自己。当我们站在更高的维度，最大限度地把观察对象抽象化，建立事物之间最顶层的相关性，不要被自己已有的资源局限住。当我们能站在一个更高级的维度去看待所谓资源，并把这种思想和自己的日常工作结合起来，坚持一段时间你就会发现，后来就不是你去找资源了，而是资源来找你。

第三节
找到价值的放大器：人人都是自媒体

在我们的职业经理研修班中，有一位基层的外科医生。他说，他觉得现在的工作按部就班，没有什么意思，让他觉得自己的人生一眼就可以看到头，也没有机会创造更多的收入。因为他的职业的特殊性，决定了他很难在其他行业找到发展机会。所以他就想来找我们帮他分析一下，要怎么样才能放大自己的价值。

我觉得他的问题可以从几个角度来谈谈。第一点，当你进入这个行业的时候，有没有从更高的维度来定义这份工作？你是不是发现了这份工作的意义，是不是因此热爱这份工作？比如我们做出版行业，可能和人家自我介绍的时候就会说"我啊，就是个做书的"。

但如果你从更高的维度来看,你找到了这件事的意义,那么你就会知道,自己的工作是发现价值,并把它传播出去。那么外科医生的意义又在哪里?应该是帮助很多的患者恢复健康,对吧?那么你的价值就不仅仅在于给病人问诊和手术,你还在解决他们的健康问题。

第二点,如果你真的找到了当外科医生这件事的意义感,并且热爱这个职业,那么你就可以借助互联网,找到放大自己价值的方式。

比如说你可以向大众传播一些医学方面的知识,教大家怎么去避免和应对健康问题,那么你就不仅仅是在一家医院为一小部分人服务,而是在一个更大的平台上为更多的人服务。你使用的技能仍旧是你的专业知识,只不过你把这些知识分享给了更多的受众。当你有了自己的品牌,在业内的影响力也会更大,这对你的本职工作反过来是一种推动,也有利于你在本职岗位上得到晋升。

第三点,也有的时候,你觉得自己做的这个行业真心没劲,你想要另起炉灶,进入一个新的行业。我合作过的一位作家冯唐老师,他曾是华润集团的高管,还是协和的医学博士,同时也是畅销书作家。像这样的人,可能横跨了多个领

06　系统思考：建立高框架人生，在限制中发现更多可能性 ◇

域，但都能做到最好。可以说，世界上99%的人都没法模仿这样的职业规划。那么，如果你还是想跨界，又要怎么办呢？我的建议是，脚踏实地，不要去模仿那些有极端性特质的个别案例。

你要明白，自己从事这个行业，所需要的底层能力是什么，这些底层能力又可以向哪些方面去迁移。比如我们现在公司的总裁、六人行图书的创始人、我的合伙人石姐，她是四川大学法学院毕业的高才生，十几年前就在广东上百亿的集团公司做了高管，担任财务总监，是给公司做决策的三巨头之一。法学专业需要严谨的逻辑思维能力，而做财务总监也需要这样的底层能力。她在十几年前的这次跨界，本质上是一种底层能力的迁移。

同样，如果你是一位外科医生，但你不想在此基础上扩大自己的品牌价值了，那么就要问问自己：通过从事外科医生这一职业，你获得了什么思维方式？这种思维方式能不能迁移到别的职业上去？

现在，我们做知识付费，也是想要找到那些愿意在本专业领域，放大自己的专业价值和品牌价值的各类专家、学者与作家。我们想要找的老师，一般符合下面五条标准：

一、在自己的专业领域有一万小时的积累。能在自己的专业领域有丰富积累的人，相对来说已经具备了一定的权威性。这样的老师不一定有大众知名度，但圈子里一定会有人知道他、认可他。这样，我们能确保他生产的内容，具备一定的价值基础。

二、他是不是有足够的合作精神。因为这是一个合作制胜的时代，好的内容产品的全维度打造，依赖于分工的专业化协作。再好的内容策划人遇不到配合的老师，最后出来的产品也不可能成功，最后往往事倍功半。

三、他有没有足够的时间去做这件事。不管是当老师，还是作为一个写作者，都需要投入时间来淬炼，方能把兼具价值力和市场力的内容产品打磨成型。所以，除了愿意传播自己的东西之外，还要看看这位老师有没有足够的时间，去配合内容传播的工作。此外，这也是老师有诚意和我们合作的一个表现。

四、在领域中的标签属性。一个人讲的东西，必须有自己的特色。一个领域中，可以说得上名字的行家成千上万，那么为什么要听这个人讲，而不是那个人讲呢？这种特色可以是内容方面的，比如从一个角度对内容加以深挖；可以是

06 系统思考：建立高框架人生，在限制中发现更多可能性 ◇

讲法方面的，比如这个人的情绪感染力特别强，那就比那种比较理性的演讲者要有优势；还可以是这个演讲者本人的，比如他的经历比较曲折，那么可能对有的领域的思考就会比别人深刻。

五、他是不是热爱传播。有些人不仅有丰富的专业知识，还乐于把自己的专业知识传播给大众，而且这个人的口才和表现力也都很不错。又或者，他有强烈的传播意愿，愿意把自己的想法分享给别人。他是为了做这件事，才去做这件事的吗？还是对这件事有长远的规划？关于这一点，听众和编辑一样，都能够感知到。一个老师的态度和灵魂，有可能就决定了他的产品的好坏。

这五条标准中，第五条是最关键的。因为如果是真正热爱某个行业的人，哪怕一开始能力不是那么强，只要持续努力下去，也会因为飞轮效应，产生奇迹般的效果。

飞轮效应(Flywheel Effect)，指的是为了使静止的飞轮转动起来，一开始你必须用很大的力气，一圈一圈反复地推，每转一圈都很费力，但是每一圈的努力都不会白费，飞轮会转动得越来越快。

当达到一个很高的速度后，飞轮所具有的动量和动能就

187

会很大，使其短时间内停下来所需的外力便会更大，便能够克服较大的阻力维持原有运动。

所以，我们在找老师的时候，我们会围绕着这五条标准去找。用这些标准去筛选出那些有专业价值，并且也愿意放大自己的专业价值的人。

总之，互联网时代，每个行业的从业者，都有放大自己个人价值的机会。如果你能在自己的职业中找到意义感和价值感，持续深挖下去，不仅能提高自己的收入，而且对社会的贡献也会更大。

第四节
人生的价值：每个终极问题，都可以找到具体答案

最近，我们公司做了一个很有意思的选题：《好关系，是麻烦出来的》，也就是说，一个人越是麻烦另一个人，两个人的关系就越好。我们之所以要做这个选题，是因为发现现在的年轻人，越来越不愿意欠别人人情了。

仔细分析一下这种心理，其实它是把人情当作一种信贷系统来看待。很多人说"我不想欠你的情"，实际的意思就是"我不想在未来基于这份恩情，给你任何的回报"。单纯只是不想被别人帮助的人，应该是很少的。很多人是把人情当作一种债务，当作一种负担，好像只要欠了别人的人情，就会被情感所绑架一样。

其实，我知道，你今天为别人付出的一切，不可能从每

个人那里得到等量的回报。人与人之间，永远都没法达到绝对平等，所以不要把恩情看作是一种债务系统。你帮助一个人，不要指望从他那里得到均衡的回报。

但是，这种回报在更大的系统中会获得一种均衡。不是被你帮助的那个人回报了你，而是整个系统都在回报你。

比如说我一开始觉得，跟一个人，就要跟到底。于是我把以前带我来北京的大哥当作老大，我对他说：老大，我觉得我这辈子跟定你了。没想到，我的老大说：你别这么想，我知道你现在是真心的。但是世界是会变的，人也是会变的，对吧？我知道你是真心这么对我说，但你未来一定做不到一辈子跟着我。

我后来渐渐理解了这句话。

我们的合作伙伴、《对不起，我不活在你给我的人设里》的作者J小姐，曾经对我说：你不要觉得我帮你，你不好意思，我告诉你，我帮你，是因为你值得帮；是因为我相信你未来会更好，那么你未来可以回报给我更多。

后来，在我的生命当中，我也成就了很多人。很多我成就的人，他也没有说要给我等量的回报，但是我可能从其他人那里获得了回报。从更大的角度来说，我的付出是有回报的。

06 系统思考：建立高框架人生，在限制中发现更多可能性 ◇

这也是一种格局。

很多时候，我们要去坚持一些基本的、对的事情。受人的恩情也是一样，要有感恩之心，但不要在人情上过于纠结。

基本上来说，一个人只要是简单的、向善的，就不会有特别大的问题，这个人的路就会越走越宽。

我曾经在知乎上看到一段话："第一，资源是稀缺的，包括注意力、信赖、金钱、权力、美誉、情感、智慧以及好的性。第二，资源是长脚的，它会自动向能驾驭它，能让它发挥更大效用的人手上汇聚。历史地看，这个过程往往无关乎正义、道德，可能血淋淋，可能会伤及无辜，但无法阻挡。了解了以上两点，能让我们免于狭隘、偏激、自欺、懒惰和公主病。"

我们大多数的人生之所以困顿，是因为我们不知道什么才是自己生命里最有价值的东西。让生命遵循一些值得坚守的基本，那是你应对不安世界的利器。

我很喜欢我们个人发展学会所秉承的五点价值观，在这里再次分享给所有与我有缘的人：向善、简单、生猛、疼痛与意义感。

为何说向善？因为当我们抱有最大的善意看待一切的时候，就会拥有这个世界尽可能多的善；用最大的恶意去揣测一切的时候，就可能错过这世界尽可能多的善。没有一个人会永远刁难一个对自己没有恶意的人，即便有一时为难你的人，但请你相信没有一个人会永远拒绝你的好。当我们向善的时候，就有可能更好地做自己，精进自己。

为何说简单？简单，可以帮助我们筛选恶意。用简单的心态，有话直说，敢想敢做，是职业人一辈子的修行。工作中很多的人情世故，不是我们考虑得太少，而是我们考虑得太多。这样使得我们在解决问题本身时，反而考虑得少了。用简单的心态去更好地聚焦于如何解决事情本身时，很多我们以为的问题往往不是问题。

为何说生猛？你有多自信，世界就有多相信。这个世界我们所有的一切都可以失去，唯一不可失去的就是对自己的信心。毛主席说过"自信人生两百年，会当击水三千里"，所以生猛地活着，可以让我们永远保有捕获机会的敏锐。也许有人会说，可是我什么都不懂，拿什么自信呢？但你可以反过来这样想：还有那么多不懂的，不正好还有那么多可以学习的吗？要知道，当你不自信的时候，发现自己不足的时候，反而是件好事，这说明你还有很大的成长空间。

为何说疼痛？很多时候，人会用肉体上的疼痛，去回避

06　系统思考：建立高框架人生，在限制中发现更多可能性 ◇

心理上的疼痛。成长本身是一个疼痛的过程。从我们出生的那一刻开始，不论是走路还是说话，都是不断地跌倒，不断地犯错，不断地在疼痛中进化。每一样能力的获得，都伴随着疼痛过后的喜悦。很多人都会希望自己的生活状态是没有痛苦的，可是不知苦怎知甜？那些体验过成长疼痛的人，因为有对比，所以往往能体验到更大的幸福，也更懂得珍惜。即便在这个过程中，你丢失了自己原本拥有的东西，这也没有关系，重要的是你曾经在那个场景中得到过、享受过。

为何说意义感？发现意义感，就是发现更多的可能性。每一件事情都有它的意义所在，善于发掘意义感的人从来不会觉得自己干的事情有多枯燥和无聊。当你请求别人配合的时候，能够懂得别人配合背后的意义感，并且能让对方深刻地感知到这种意义感，那么你已经在让自己走在成为一个越来越有影响力的领导者的道路上。

用一句话来说就是：好的人生，也就是你怀着一颗向善的心，简单地努力，永远保持自信，生猛地往前，在疼痛中成长，追寻生命的意义感。

最后，愿我们都能终身成长，持续精进，找到并保有人生中那些最有价值的东西，在不安的世界里淡定前行。

07

用搜索力搞定生活中那些令人头痛的事儿

搜一下,一切都不用愁。

第一节
人真的能找到自己喜欢的专业吗？

金星凌考上了大学之后，整天唉声叹气。原因是，他觉得目前自己所学的专业完全不是自己喜欢的。还不是当时因为高考的分数不够，听爸妈的意见报了这个不喜欢的化学专业！在高中的时候，他参加过学校的美术社团，很喜欢画画，梦想是将来当一个画家。可是这一切，好像都被自己所学的这个专业给毁了。

我们生活中，经常可以看到像金星凌这样的人。他们天天抱怨，在学校的时候觉得自己不喜欢自己所学的专业，工作以后又觉得自己不喜欢现在的工作。那么，是不是人真的找到一个感兴趣的领域，就可以过上自己想要的生活了呢？

我觉得，应该警惕这种想法。生活总有让你不满意的地方。

在大城市,"逃离北上广"的主题过段时间就会在社交媒体上走红一次。每个人的心中都积累了很多的不满,这些不满平时很难找到发泄的渠道。

比如说你不会向别人抱怨你有多累,因为那只会被人嘲笑你软弱;你也不会向别人抱怨你没钱,因为自尊心有可能不允许你这么做;你也不会琐琐碎碎地抱怨每天的交通和生活。而当"我不喜欢"这四个字从你心中冒出来的时候,你突然找到了一个可以抱怨的理由。

从心理学角度,人的怨气,并不一定会朝着真正让你产生怨气的方向发泄,而总是要找一个最容易的出口。这就是情绪表达的最小阻力原则。

实际上,正如我们前面的章节所说,喜不喜欢不能成为是否选择一个行业的标准。

如果你在工作的时候找到了一个行业的本质规律,会发现所有工作的底层逻辑都是相通的。如果你选择了一项自己感兴趣的工作,可是却发现自己做得不好,一切都和自己原先想象的不一样,那么你还会喜欢这份工作吗?相反,如果另一项工作你本来没感觉,后来却越做越顺手,从中获得了巨大的成就感,你会渐渐喜欢上这项工作的。

07 用搜索力搞定生活中那些令人头痛的事儿 ◇

想把一项工作做好,不管你从事什么行业,都是要发现他人的需求,从这个需求出发去寻找合适的资源,去解决问题,去做出合理的决策。这是很多工作的底层逻辑。

哪怕是像文化行业这样看似很"虚"的领域也是这样。石姐经常告诉我们:"读者的需求就像是在地下涌动的暗流,我们要在地表上开一个口子,让这种暗流喷涌出来。"凭借这种能力,她常常和素人作者一起,打造出畅销百万册的作品。她策划《生活需要仪式感》一书的时候,尽管选题会上有一些编辑表示不解和反对,但她坚持认为,随着人们生活质量的提高,人们对生活的意义愈发重视,所以注重仪式感这个选题点,一定能让很多读者深受触动。结果这本书一炮而红,成为《出版商务周报》盘点的2018年十本年度图书之一,"仪式感"也随之成为当年最热的词汇。

石姐是1989年毕业于川大法学系的,曾经在资产上百亿的公司里担任高管。在创立图书公司之前,她并没有从事文化行业的工作经验。

她之所以能在这个行业获得今天的地位,不仅是因为她在语言方面的天赋和造诣,更是因为她对数据的敏感程度、强大的逻辑思考能力和对人类情感的洞察能力。以上这些成功的条件，没有哪一条仅凭兴趣就能达到。

所以，不管我们从事什么行业，都应该先踏踏实实地工作，练好基本功，在反复的练习中发现事物的底层逻辑，这样才有可能最大程度地发挥自己的天赋和实力。给自己多一点儿时间，该来的一定会来，心存梦想，耐得住时间的考验，你向往的生活早晚都会实现。

曾经，有一个男孩到我这里来面试。他以前是做情感咨询的，在一家公司干了两年之后，从去年十月份开始，他和两个合伙人一起创过业，但失败了。

我就问他，你既然想做产品经理，你对未来的规划是什么？你希望三年之后成为一个什么样的人？他回答不出来。他给我的感觉是，他创业失败了，就想随便找个地方待着，反正这个行业都已经很熟悉了。我觉得都做这个行业做了那么久，没有一点儿自己的定位和思考，那么如何在公司让自己成长呢？

另外一个女孩，我面试她的时候，她说对两性情感领域不熟悉。但是她说，自己很喜欢这个方向，希望在这家公司长期发展，觉得自己时间管理的能力很强，效率很高，这些是她的优势。她还告诉我，她已经听了我们很多档节目，想

07 用搜索力搞定生活中那些令人头痛的事儿 ◇

要做内容产品策划人。

反观那个男孩,我在问他优势的时候,他却说不出来什么东西。那么我更愿意用哪个人呢?当然是后者。这个女孩虽然没有经验,但她却为这份工作做了不少功课、付出了努力,而男孩呢,虽然有经验,却没有付出自己的思考和努力,所以我更愿意要这个女孩。

努力和坚持不仅能展示你谦虚的心态,给你带来专业技能上的进步,还能让别人对你的信任成本降到最低。

"信任成本"这个概念由《中国社会心态研究报告》蓝皮书提出,指的是一个陌生人信任另一个陌生人心理上所付出的最小代价。在商业领域,有很多利用信任成本达成交易的例子。

比如老客户不需要询价,只需要打个电话,就可以以老价格买到上次购买的商品;再比如在社交媒体上推送产品,别人对你越信任,你的口碑越好,推送的转化率就越高。

在职场上,当你在某个领域已经坚持了很长时间,为之付出了大量的有效劳动之后,别人就会知道你是靠谱的。这种情况下,即使你不出去社交,也自然会有人找到你,告诉你他们的需求,到那个时候,你本人就成了资源。

而那些你的兴趣，不妨留给生命中的闲暇时刻。也许它们能帮你放松心情，调整状态，让你更好地投入到第二天的工作和生活中去。而你如果坚持在自己爱好的领域输出劳动，说不定它还能带给你干副业赚钱的机会。

所以说，如果你还没有把兴趣练成一种可以输出的技能，就先别执着于要把自己感兴趣的事变成工作。踏踏实实把手上的工作做好，也许有一天你会通过这项工作实现自己的个人价值，进而发现这项工作的魅力。

第二节
求职时，找到适合自己的行业

求职的时候，很多人总觉得找不到对口的工作，或者没有什么资源可以利用。其实，大多数时候，资源的优势并不是最重要的。比资源更重要的是，你愿意用更高的思维框架去指导自己的实践。因为，这样才是成长。

什么叫用一个更高的框架去指导实践呢？其实就是从单点思维到一个有逻辑的系统思维的转变，这就是更高的框架。

就拿生活来说，首先你要考虑自己，自己的生活是一个单点，然后要找个男朋友或者女朋友，变成你和他或她两个人，于是，你便要基于两个人的小系统，有逻辑地去思考去选择，两个人之后，接下来你会考虑孩子，还有双方的父母家庭，以及背后串联的整个大家庭。

当你开始意识到这些东西的时候,其实也是一种负责任的表现。你考虑的就是更大的系统,从一个人到一个大家庭,就是一个单点思维到一个逻辑系统的转变。

这是一个人走向生活上的成熟,工作也一样,从自己一个人单点干,到加入一个人来协作,于是你开始考虑两个人有逻辑有系统的配合协作,然后再考虑一个团队,甚至一个部门,一家公司,最后再考虑一个行业,甚至改变世界。这也都是在不断地拥有更高的思维框架系统的过程。

那么怎样才是用一个更高维度的框架去指导自己的实践呢?知道不等于得到,就相当于你明明知道系统思考很重要,但是你偏不那么干,这其实还是在用一个低认知去指导实践,无所谓改变和成长。

而当你认识到这样做不好,坚定地与自己的惯性做斗争,开始在总结和归纳的基础上去追求知行合一的时候,其实就是在用更高的框架去指导自己的实践。

其实说白了,人与人之间最大的区别就是实践中透露的思维方式的不同,尤其在我们的职业生涯当中,当你愿意用一个更高的框架去指导自己的实践,你就上升了一步。

这跟你的职位级别是没有关系的,能够往上升的人,一

07 用搜索力搞定生活中那些令人头痛的事儿

定是站在更高的位置、从更高的角度思考问题,他一定不是只考虑自己眼前单点的事情。

很多优秀的人有一个共同的思维方式,就是总会站在领导的角度去看待问题,这也是在用更高维度的思维框架去指导自己的实践。

为什么美团的创始人王兴会说:"大多数人为了回避思考,愿意做任何事情?"因为用一个更高的思维框架去指导个人实践是个很痛苦的过程,如果我非要去这么做,我就不得不去跟领导谈,要去跟同事死磕,只有痛定思痛,你深刻地感受到这种疼痛感并用行动去努力克服的时候,你才是真的在用更高的思维框架指导实践,这才是成长。

对于找工作来说,专业的限制不是最重要的。我给大家提三点建议,希望能帮你们找到心仪的工作:

首先,我们要从一个更高的维度上去定义自己的能力,就是说你如果看这时候你的能力才具有更高的可适性。所谓可适性,说的就是你能适应各种各样的环境,能够适应更多的岗位。你把自己的能力定义得越窄,你能去选择的岗位就越窄。

我们一定要用更高的维度去看待这些东西。跳出这些所谓的资源优势，你还要去积累你其他方面的优势。比如一个人的性格、年龄、在专业上积累的深度，都可以是优势。

其次，在能力积累的维度上，你学一个专业，这个专业的确构成了你的一个标签，你可以在这个标签下不断积累，往更高的维度迈进。比如你学了医学，这不意味着你就只是个拿手术刀的，可能还意味着你对人体构造的了解比其他人更深。我是学编辑的，也不意味着我就只会纯粹地坐在那里看稿子。我还需要懂得看数据、有产品思维、有战略眼光等，来把握一个内容产品的综合价值。

最后，就是比较优势。你和其他人相比，你的优势是什么？比如别人做不成的事情，你能做成，那么你就具有了别人不具备的比较优势。

比如同样是做编辑策划，有些人善于跟人沟通，善于跟人打交道，而有些人能在创意方面有更好的发挥。对自己比较优势的认知，决定了你未来创造的可能性。

我还主张年轻人在更多发挥自己优点的基础之上，去适度地弥补自己的短板。比如在性格层面，有些东西是可变的，有些东西是不变的。你是个性格粗糙的人，还是个严谨的人？是一个乐于去和别人打交道的人，还是享受独自钻研一样东西的人?

性格在你面临选择的时候,也是非常重要的一样东西。当然我们也不是说,性格就是绝对不可变的。那些性格相对内向的人,也不是说我就只是想独自一个人待着,我就绝对不能跟别人沟通。人的性格都是复杂的,不是这样非此即彼的。而且性格是可以自我修炼的。人的一辈子,很多时候就是在修正这样的性格模型。

从这些角度出发,我们在面临职业选择的时候,更多的是向内搜索自己,去进行一场深度的自我认知,再基于自己的底层能力去选择工作。

面试时如何应对这三个刁钻问题

By 少毅 @个人发展学会

问题1：你性格过于内向，恐怕不适合我们这份工作。

回答：据说，性格内向的人往往专心致志，锲而不舍。另外我善于倾听，因为我觉得应该把发言的机会留给别人。

问题2：你的专业和你申请的岗位不对口啊？

回答：据说，在21世纪，最重要的人才就是复合型人才，外行的灵感往往会超越内行，因为他们没有那么多的条条框框。

问题3：你的经历太单薄了。

回答：如果我能加入贵公司，我将很快成为社会经历丰富的人，我希望有这样一段经历。

第 三 节
职场中，找到你的偶像

我曾经见过一个头脑算是比较灵活的编辑，原本在入行的时候，好几个前辈都很看好，不过过了几年，大家发现这个人平时不努力，下了班只知道吃吃吃逛逛逛，所以在行业里一直不好不坏、成绩平平。我后来和其他领导讨论到这个人，分析她为什么不努力。

后来，我们一致认为，要找到一个有利于你成长的对象去比较，也就是说，想要快速成功，最好找到一个你可以模仿借鉴的对象。没有可以模仿的对象，其实也就没有进步的动力。

在职场上找到自己的偶像，能带来的第一点好处就是，你会有一个参照学习的标准。有时候，很多人不是不想努力，而是不明白自己努力的方向是什么。

比如十年前我入行的时候,听沈浩波沈总讲产品的广度与深度,产品的广度与价格成反比,深度与价格成正比,我就明白,要成为他那样的人,自己也要去思考图书产品的价格规律。

对于我们很多的产品经理来说,要求也是一样的。你想成为一个好的产品经理,就要多观察那些最优秀的策划人是怎么做的。

比如我们公司的所有策划,都会留心观察我的合伙人石姐。她不仅是一位优秀的创业者,而且还是一位顶尖的策划人。她对大众心理学有极其深刻的洞察,策划出的选题总能击中人们内心深处那些最隐秘的痛点。

有一次,她在看爱默生的文章的时候,偶然看到一句话——"你的善良,应该有点锋芒",她马上意识到这句话可以成为一个很好的选题,于是就策划了以这句话为名的同名书。后来这本书果然成了百万畅销。

一位善于学习的产品策划,可以从她的这一连串动作中提取到很多宝贵的经验,比如看书的时候要多留心,看看是不是有可以挖掘的选题,一旦遇到合适的灵感,要马上记录

07 用搜索力搞定生活中那些令人头痛的事儿 ◇

在手机里;再比如能把书中的句子和对人们常见的心理现象的观察结合在一起。

还有,因为我们平时接触比较多,我还知道石姐有很强的同理心,这对于她策划此类选题也起到关键作用。也许有些策划没有石姐这么有天分,但是经过学习和模仿,如果能达到她的两三成水平,那也已经很优秀了。这就是所谓"取法乎上,得乎其中"。

其次,你要明白自己应该选择什么样的模仿对象。就拿当作者、写小说这件事来说吧。有些类型的小说,比如商战小说,必须要有一定的社会阅历。没有三四十岁的年纪,想写这种和社会接轨极其紧密的作品,几乎是不可能的。

如果你是一位刚刚出道的作家,才十几岁的年纪,无论做出怎样的努力,阅读量有多大,都很难在这个领域写出好作品。也就是说,你模仿的对象应该和自己有一定的相似性。

再比如不同的老师当堂讲课,一般会有不同的讲课风格。有的老师性格沉稳,可能讲课的时候就会严谨一点儿;有的老师性格飞扬跳脱,可能讲课的时候有很强的感染力,但是细节上可能就会粗疏一点儿。如果你是个性格严谨的人,却偏偏要去模仿那种飞扬跳脱的老师,就很容易在讲课的时候没有自信。实际上,我就见过那种性格内向、讲话声音很低的老师,由于过硬的专业功底,反倒吸引住所有的学生,大家都屏气凝神,大气不敢出地听她讲课。

选择一个好的模仿对象,是坚持自己个性、尊重自我的一种方式。

所以说,我们模仿别人,一定要找那些性格和价值观都比较接近的人去模仿。模仿和自己差异很大的人,不仅有可能在很长一段时间里都收不到成效,而且还有可能降低自己的自信,因而对自己未来的发展产生误判。

最后,模仿不是一味照搬照抄,而是要通过理解别人的做法,找到别人这样做的逻辑规律是什么。就拿日本的7-11来说吧。7-11一开始创立于美国,这种便利店的好处,是可以通过同一个品牌扩大影响力,再通过标准化的管理经验和采购渠道来给顾客提供优质的服务。

但是这种做法也有它的弊端,比如说很多美国的7-11分店,在一旦生意兴隆,有了自己的客源之后,就开始纷纷脱离组织,赚自己的钱去了。这让7-11的总部非常苦恼。

而日本的7-11在一开始就设立了一套更好的制度。总部从各个加盟店搜集信息,根据搜集来的信息对加盟店的产品

07 用搜索力搞定生活中那些令人头痛的事儿

品种进行调整。如果分部和总部脱离了联系，缺乏专业知识的加盟店就没法获得最新的产品信息，自己也不知道进什么货更好卖。

通过这种改革，日本的7-11获得了更强的凝聚力，加盟店不会轻易脱离组织了。

其实，最好的创新就是像日本的7-11这样的微创新。一方面，它所模仿的基本做法已经被市场证明是行得通的；另一方面，在借鉴模仿的时候，一些原本出现问题的地方又得到了修正，整个系统的运行效率会更高。

记得一位哲人说过，成功的最好方法就是，观察走在你前面的人，看看他为什么领先，学习他的做法。所以，当你在职场中，找到你模仿借鉴的对象，经过坚持不懈的努力，向身边的人和那些牛人学习，你也可以早日成为像他们那样的人。

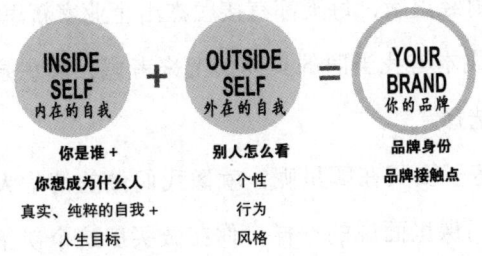

第四节
生活中，买好人生第一套房

这个故事是我的亲身经历，在这里说出来，供大家参考借鉴。

有一年，我在磨铁的业绩很好，获得了公司那年的"年度未来企业领袖奖"。老板给了我两个选择，一个选择是去读MBA（工商管理学硕士），还有一个选择是把读MBA的三十万学费给我，让我随意支配。我得到这个机会，第一时间想到的是，我要在北京买一套房。

需要说明一下，我在这里讲我的这个实际案例，不是在这里鼓吹"投资房子比投资自己更重要"。而是因为当时的我，做的就是财经出版，每天都有接触杰出企业家新思想的机会。综合机会成本与我当时的具体情况来考虑，买房是我权衡之下更好的选择。

这套房子要买在哪里呢？就像我们做的清华大学韩秀云老师的那门课里面说的一样，你在做买房这个决策之前，首

07 用搜索力搞定生活中那些令人头痛的事儿

先要站在宏观角度进行考虑。北京会往哪里发展？北京在往东发展，所以买房要往东边去看。最有活力的地方、城市副中心，都在东边。

其次，地铁沿线的房子显然是最有投资价值的，但是地铁沿线的房子的价值都已经暴露了。那么，比较具有投资价值的房子，往往是在地铁还未开通的、投资价值尚未展现的地方。这样地段的房子，价值容易被低估。

这是什么意思呢？就像我们做出版一样。我们找作者，作者的生命周期是一条抛物线。作家的影响力是纵轴，而时间是横轴。那些位于抛物线头部的高知名度作者,虽然铁粉多、看得见的潜在销量会更大，但是要把他们签下来，也要付出很大的代价。很多其他公司也在盯着这些作者，他们的价值已经被所有人看到，所以签下他们，价格一定大于价值。

而这条抛物线腰部的作者，价值则一定是大于价格的。因为那些腰部的作者，价值还没有完全被释放出来，相当于一个作者没有名气，抢着去签他们的竞争对手也少，这个时候就要看你的眼光准不准了。

在北京的所有东西走向的地铁线中，我最看好的就是一号线和六号线。这是因为，这两条东西向的地铁线横贯了整个北京城。所以我就看中了常营这一带。一来因为这里就在未来将要开通的六号线上,二来这里距离市中心的地铁距离也不远。我当时还没法买住宅,所以就看商住两用的房子。至于房型,我考虑应该看个大盘。因为房地产商建大盘这个户型,说明他们对人气的信心比较强。

根据以上这些条件,我就在网上找到了这个地方。到这里一看,果然非常荒凉!但我觉得荒凉是个好事,说明大家都没有看到这里的价值。我就跟房主谈,他说这个房子九十五万,五十平方米。因为房子是复式的,其实上下加起来是将近一百平方米。他说,他之前买的时候还要更便宜,才六十多万,现在九十五万,他赚了50%。但我一想,复式好,说明年轻人喜欢,出租不愁。价格上涨一点儿也很正常,因为这时候大家都知道了六号线要在这边开通了嘛。此时我手上的钱不够,但是可以贷款。

我买了这套房之后,一来自己住抵消了房租成本,二来等着升值。后来第二年的时候,中介给我打电话,问我:"一百九十五万卖吗?"我根本没有认真听,随手就挂掉了。不过瞬间这个数字在我脑海中回放了一下。这个数字打动了我。我赶紧回拨过去。一个星期以内,我出手了这套房,获取了一年200%的投资回报率。

那么,为什么不把这套房留在手里,等着它继续升值呢?这是因为,地铁已经开通了,房子的价值已经充分释放,价格已然有虚高的成分了。在所有的人都看到了它的价值的时候,它的价格就会大于价值,一下子就从腰部的产品变成头部产品了。

卖了这套房之后,我手上就有了一百多万,开始考虑买住宅。一个人做决策,一定要从自己最熟悉的地方开始思考。我看到这附近有个长楹天街,正在盖商场,听说面积是朝阳大学城的两倍。考虑到如果是商圈的话,它的人气一定够火。这里第一排是商场,第二排是写字楼,第三排是住宅。

我觉得在这里投资买房很好,因为它既符合市大盘商圈,也符合我之前的那个逻辑。虽然大家都知道商圈建成之后,房子的价格一定会涨,但目前这个价格还没有涨到应有的高度,它的价值仍旧是大于价格的。

此外,我还听说这个房子是龙湖开发的,这是一个中高档的房地产开发商,说明品质有保障。而这个房子是龙湖在北京的第一个天街项目,它只许成功,不许失败。从房型上来说,这个房子是南北通透,两梯两户,在这一带属于绝对的高端楼盘。

我认为在北京买房子,最有保值空间的房子不是顶级的高端住宅,也不是最底端的房子,而是代表未来生活理念的中高端的楼盘。此外,这里出门就是地铁站和商场,距离国贸只有二十分钟,我觉得很符合未来年轻人懒人居家的主流生活理念。

这两年,我又注意到东坝地区的房子。我的基本判断不变,城市的发展趋势还是往东。东坝这个地区呢,东北角是个机场,东南角是有一百八十万人口规划的副中心通州,西北角是北京的第二CBD望京,西南角则是北京文化产业的基座——传媒产业带。未来北京的第二使馆区也会在东坝。同时,这个地方还有五环边上最大的一块空地,北京市政府把这里当作未来新城的思路去规划。

再把东坝和北京的其他地区比较一下,北京的北边是IT产业,但北京的IT产业优势和深圳比起来也不见得那么突出了;俗话说,北京是"东富西贵",西边属于不是那么商务的一个地区,北京的南部地区,虽然有新机场,但对经济的带动作用是偏局部的。

所以东五环这里应该才是北京的中心城区发展的方向,

而东坝这块地方的房产，本身就具有很高的投资价值。

在这个过程中，你会看到我是从宏观角度开始，不断拆分自己的目标，最后排除掉可能的偏差，筛选出自己需要的楼盘的思路。大家的情况都是不同的，想法也不一样，但希望我推演问题的思路能对你有所启发。

◇ **搜 索 力**：帮你解决 90% 人生难题的思维能力

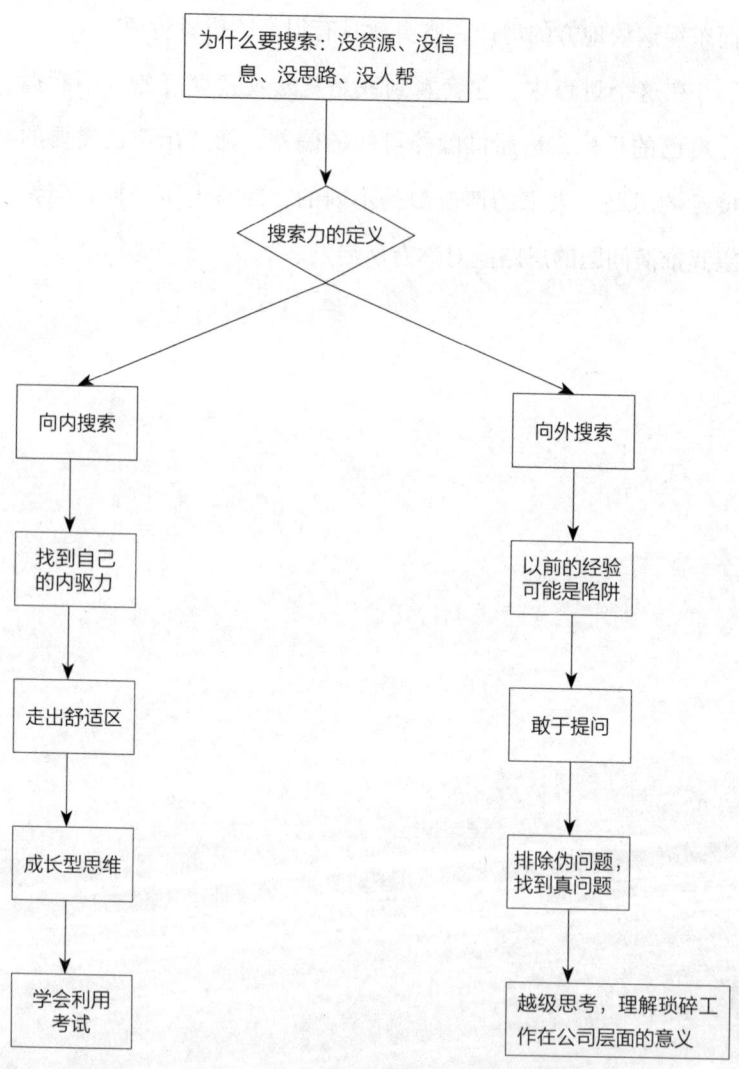

07 用搜索力搞定生活中那些令人头痛的事儿 ◇

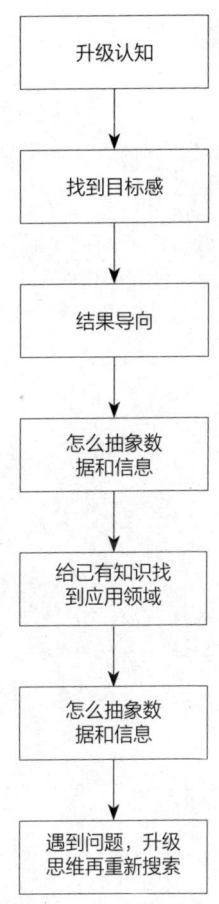

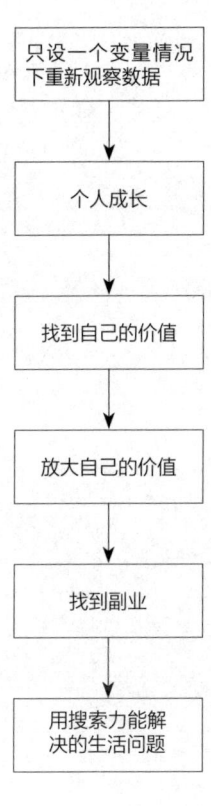